中国铝合金再生资源发展研究

蔡曾清 著

北 京

冶 金 工 业 出 版 社

2010

内 容 提 要

　　本书分析研究了世界和中国铝合金再生资源发展的现状与前景，提出中国铝合金再生资源发展必须走可持续发展道路，致力于资源节约型和环境友好型建设，同时全书运用区域经济学、工业设计和工商管理等学科的理论和方法，结合丰富、真实的数据资料，重点阐述了广州有色金属集团公司铝合金再生资源发展的实践，为铝合金再生资源的研究和实践提供成功的借鉴，对我国有色金属行业的可持续发展有很大的积极作用。

　　本书可供从事铝合金再生技术的科研、建设生产、教学和管理人员阅读。

图书在版编目(CIP)数据

　　中国铝合金再生资源发展研究/蔡曾清著. —北京：冶金工业出版社，2010.1
　　ISBN 978-7-5024-5162-2

　　Ⅰ.①中… Ⅱ.①蔡… Ⅲ.①铝合金—再生资源—综合利用—研究—中国 Ⅳ.①TG146.2 ②F124.5

　　中国版本图书馆 CIP 数据核字(2010)第 015323 号

出 版 人　曹胜利
地　　　址　北京北河沿大街嵩祝院北巷 39 号，邮编 100009
电　　　话　(010) 64027926　电子信箱 postmaster@cnmip.com.cn
责任编辑　张 鹏　美术编辑　李 新　版式设计　孙跃红
责任校对　栾雅谦　责任印制　牛晓波
ISBN 978-7-5024-5162-2
北京百善印刷厂印刷；冶金工业出版社发行；各地新华书店经销
2010 年 1 月第 1 版，2010 年 1 月第 1 次印刷
850mm×1168mm　1/32；4.625 印张；123 千字；137 页；1-2000 册
20.00 元
冶金工业出版社发行部　电话：(010)64044283　传真：(010)64027893
冶金书店　地址：北京东四西大街 46 号(100711)　电话：(010)65289081
　　(本书如有印装质量问题，本社发行部负责退换)

前　言

　　人口、资源、环境是未来世界发展的三大课题。由于原铝生产过程中要耗费大量的电能，而且工艺流程长、工艺复杂、工序多，生产过程中的废气、废渣对环境污染比较严重，废铝再生的能耗较低，流程短，对环境污染轻。特别是自然资源日趋减少的今天，废铝资源的再生利用已经变得非常重要，刻不容缓。

　　国外把再生铝合金称为"新世纪材料中的亮点"。如果说，发达国家重视发展再生铝，目的是让原生资源"留着不挖"，那么，我国铝矿资源的现状从一定程度上说，是"想挖也没得挖"。2002 年以来，我国铝产量连续居世界第一，而国产铝矿资源只能满足生产需要的 52%，还有 48% 的氧化铝靠进口。我国铝矿资源储量仅占世界总量的 1.94%，而且品位低，经济可利用部分仅占铝矿资源储量的 16.2%。因此，如果不改变目前的铝业生产格局，我国铝矿资源对国际市场的依赖程度将越来越高。

　　由于我国大量进口氧化铝，国际市场氧化铝供应紧张，价格一路上扬，并且价格波动巨大。且不说我国电解铝生产企业能否承受这样的原料成本，长此以往，我国铝工业将完全依赖于国外市场，并最终影响中国和世界的经济可持续发展。因此，加快发展再生铝合金产业，是世界经济发达国家成功的做法，也是我国铝工业实现可持续发展的战略抉择。

　　作者在 2008 年世界经济危机的大背景下，围绕中国再生铝合金资源这个命题展开深度研究，全面地分析了世界再生铝合金发展的现状、市场的需求、产业链的关联度。阐述了中国再生铝合金资源的发展对中国有色金属产业实现"十一五"期间节能减排目标以及促进世界经济可持续发展、缓解全球气候变暖等方面的战略意义。由于作者水平有限，书中不妥之处，敬请读者批评指正。对此作者深表谢意！

蔡曾清

目　录

1 绪 论

1.1 中国铝合金再生资源发展研究的背景

近年来，在我国经济快速增长的拉动下，我国的铝加工行业得到了迅猛发展，并继续保持良好的发展态势。2002 年，我国铝产量跃居世界首位，之后这几年一直保持在世界的前列。与此同时，由于我国铝加工行业对原铝及相关资源的需求与消耗量越来越大，资源供给不足已明显成为制约我国铝加工行业持续发展的重要因素。此外，由于国家以及地方法制建设还不是很健全，行业管理不十分规范，宏观调控措施未能完全到位，铝工业污染已对环境生态造成了严重的破坏。

根据我国"十一五"规划对节能环保的要求："要注重能源资源节约和合理利用，缓解我国能源资源与经济社会发展的矛盾，必须立足国内，显著提高能源资源利用效率。要大力发展循环经济，从资源开采、生产消耗、废弃物利用和社会消费等环节，加快推进资源综合利用和循环利用，积极开发新能源和可再生能源，努力建设资源节约型社会和环境友好型社会。"因此，大力发展绿色经济、节约型经济和循环经济，已成为确保我国铝加工行业持续、健康发展的重要途径和正确方向。再生资源发展是我国有色金属工业走新型工业化道路，实现可持续发展的必由之路。

从 20 世纪 80 年代起，我国开始把环境保护确立为基本国策。到 90 年代，又制订和实施了《中国 21 世纪议程》，进一步把可持续发展确定为国民经济增长的基本战略。2006 年，我国实施循环经济、绿色经济战略，把再生资源利用提升到国家战略层次。近年来，国家加大了对再生金属产业的鼓励和支持力度，国家发改委已将金属的再生与利用作为国民经济发展中的一个独立的产业对待，并制定《中国再生金属产业"十一五"及中长期发展规划》，对再生金属产业的发展加以引导和扶持。在国家产业政策的调整和引导下，我国铝加工行业发展循环经济取得可喜的进展，再生铝产业发展连续几年保持了略快于原铝的发展速度。统计资料显示，再生铝产业已具相当规模。目前，国内每年回收废杂铝超过 50 万 t，也带动废旧电器拆解加工业和废铝回收业的蓬勃兴起。在东部沿海和环渤海地区，规划创建了浙江宁波、江苏太仓、天津静海、福建全通和浙江台州五个再生资源加工园区，形成年拆解、处理废杂铝原料 100 万 t 的能力。此外，在广东南海、河南长葛、湖南汨罗、河北保定也初步形成了拆解、加工利用基地。在再生铝生产方面也形成上海新格、江苏春兴等一批年产量 10 万 t 以上、技术水平高、环境保护好的大型再生铝生产企业。因此，再生铝工业成为有色金属工业越来越重要的组成部分。

铝合金因其特有的性能和优点，被广泛应用于航空航天、机械制造、汽车制造等各个领域。但是，近年来，在资源、环境因素的双重压力下，铝合金再生技术应用成为整个行业普遍关注的焦点问题。在这种大背景下，加强对我国铝合金再生资源发展研究，不仅是实现我国铝产业可持续发展的必然要求，也是有色金属企业自身发展的客观需要。因此，铝合金再生资源发展必须以资源的高效利用和循环利用为核心，以"减量化、再利用、资源化"为原则，以"低消耗、低排放、高效率"为基本特征，符合可持续发展理念的经济增长模式，是对"大量生产、大量消费、大量废弃"的传统增长模式进行根本变革。从微观层面上来讲，铝合金再生资源发展要求企业节能降耗，提高资源利用率，实现减量化；对生产废弃物、废旧物资进行回收和再生利用；根据资源条件和产业布局，延长和拓宽生产链条，促进产业间的共生耦合。从宏观层面来看，要求对再生铝工业的产业结构和布局进行调整，将资源循环利用理念贯穿于各环节，建立和完善全社会的铝合金资源循环利用体系。

由于我国铝合金再生资源发展起步比较晚，铝资源再生利用理论、技术和实践与世界发达国家都存在着较大的差距，加之铝合金行业是国民经济的基础原材料产业，也是能源、水资源、矿石资源、再生资源消耗很大的资源密集型产业。因此，铝合金行业是最有条件、最具潜力、也是最迫切需要发展资源再生利用的产业。据有关资料，目前我国铝的矿产资源综合利用率为60%，与发达国家相比低10~15个百分点；氧化铝综合能耗（标准煤）平均为1154kg/t，比国外平均水平高50%左右；再生铝产量占整个铝产量的21%，与世界先进水平相差19个百分点，因此，铝合金再生资源发展具有极大的潜力。

1.2 中国铝合金再生资源发展研究的意义

铝合金再生的命题是关系到行业可持续发展的重大问题，它包括铝资源利用，再生流程设计，技术指标控制，消费市场认可，环境友好，企业经济又好又快发展，减缓全球气候变暖和造福人类社会等重大研究课题。如何运用当代人类社会先进的科学技术，把废铝再生成为高品位、高性能、高价值工业新型合金材料是当今世界业内主攻的战略方向。

1.3 世界和中国铝合金再生资源的生产现状

再生铝资源利用是衡量世界各国资源回收利用水平高低的主要标志之一。目前，受再生技术发展水平的影响和制约，铝资源再生利用率也表现出不均衡性，直接决定了铝资源的再生利用水平。统计表明，在全球铝产品市场中，40%~50%的需求是通过回收再生的废铝满足的，如美国、日本、德国、意大利和墨西哥的再生铝产量均超过原铝产量，日本的再生铝产量竟占铝产量的99.5%。我国年产原铝约700万t，再生铝仅180万t左右，再生铝产量约占铝产量的 20%，我国的再生铝发展与原铝相比还很缓慢。由于铝矿资源的有限性及不可再生性，铝的回收利用至关重要。

1.3.1　工业发达国家铝合金再生资源的生产现状

　　再生铝的消费与经济发达程度密切相关，欧洲、美洲和亚洲一直是再生铝的主要生产地区，三者产量达世界总产量的 97%以上，特别是美国、日本、德国、法国和英国等发达国家为主要消费国。2004 年世界再生铝产量分布如图 1-1 所示。

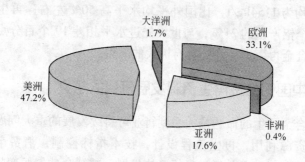

图 1-1　2004 年全球再生铝产量分布

（资料来源于欧洲铝协会（European Aluminium Association）统计）

　　统计资料表明，1999～2004 年间，美国、日本、英国等发达国家铝产量增加的同时，再生铝的产量也呈增长的趋势。1999年世界原铝产量为 2371.01 万 t，再生铝产量为 815.09 万 t，2004 年原铝产量达到 2785.06 万 t，再生铝产量达到 916.73 万 t。就美国而言，1999 年原铝产量为 377.86 万 t，再生铝的产量为 369.5 万 t，为原铝产量的 98%，到 2004 年原铝产量为 260.53 万 t，再生铝产量为 297.7 万 t，是原铝产量的 1.14 倍；日本是铝资源贫瘠的国家，对资源的再生利用尤为重视，2004 年再生铝的产量为 130.52 万 t，是原铝产量 0.07 万 t 的 186 倍。1999～2004 年几个工业发达国家的原铝产量和再生铝产量见表 1-1。

表 1-1 1999~2004 年世界原铝产量和再生铝产量

国家及品种		1999 年	2000 年	2001 年	2002 年	2003 年	2004 年
美国	原铝 A/万 t	377.86	366.84	263.7	270.51	270.45	260.53
	再生铝 B/万 t	369.5	345.0	298.2	292.0	293.0	297.7
	B/A	0.98	0.94	1.13	1.08	1.08	1.14
日本	原铝 A/万 t	1.09	0.65	0.66	0.64	0.65	0.7
	再生铝 B/万 t	116.41	121.36	117.03	123.99	126.14	101.48
	B/A	106.80	186.71	177.32	193.56	194.06	145.0
法国	原铝 A/万 t	45.51	44.12	46.09	46.32	44.31	42.56
	再生铝 B/万 t	25.33	27.00	26.39	26.19	24.01	25.23
	B/A	0.56	0.61	0.57	0.57	0.54	0.59
英国	原铝 A/万 t	26.97	30.51	34.08	34.43	34.27	32.23
	再生铝 B/万 t	28.53	24.13	24.86	20.54	20.54	21.15
	B/A	1.06	0.79	0.73	0.6	0.6	0.66
德国	原铝 A/万 t	63.38	64.35	65.16	65.28	66.08	66.78
	再生铝 B/万 t	51.51	57.23	62.03	66.88	67.79	65.52
	B/A	0.81	0.89	0.95	1.02	1.03	0.98
意大利	原铝 A/万 t	18.72	18.98	18.75	19.04	19.14	18.36
	再生铝 B/万 t	50.18	59.69	57.83	59.13	59.4	58.35
	B/A	2.68	3.14	3.08	3.11	3.1	3.18
加拿大	原铝 A/万 t	238.98	237.35	258.28	270.89	279.19	286.58
	再生铝 B/万 t	13.1	14.8	18.0	18.5	18.5	19.87
	B/A	0.05	0.06	0.07	0.07	0.07	0.07
世界总计	原铝 A/万 t	2371.01	2446.46	2443.6	2608.97	2800.05	2785.06
	再生铝 B/万 t	815.09	819.9	764.59	782.02	765.94	916.73
	B/A	0.34	0.34	0.31	0.3	0.27	0.29

注：资料来源于欧洲铝协会（European Aluminium Association）统计。

从表 1-1 看出，工业发达国家再生铝产量很大，铝金属产量中再生铝所占比重较高。美国、意大利、德国再生铝产量已大于原铝，其他国家再生铝产量占原铝产量的比例均在 60% 以上，远大于世界平均水平 30% 的比例。

国外对铝资源的开发研究起步较早，对废铝回收和再生利用的认识也比较深刻，并给予高度重视。各国在废铝回收再生方面都有自己独特的方法和措施，并取得了显著成绩。欧洲现有 217 个再生铝加工厂，其中德国 13 个，法国 26 个，意大利 45 个，英国 87 个，其余分布在其他国家。美国 50 个州中 6000 个收集中心都建有废铝收购点，位于得克萨斯州欧文市的美国伊姆科再生金属公司，是目前世界上最大的废铝再生企业，在全美国设有 20 多家再生铝厂，生产能力为 150 万 t。英国自 20 世纪 20 年代起就有完整的再生铝工业体系，交通运输业 90%、建筑业 70% 的废铝得到回收。

1.3.2　中国铝合金再生资源的生产现状

近年来，国家加大了对再生金属产业的鼓励和支持力度，对再生金属产业的发展加以引导和扶持。在此情况下，废杂铝回收利用率也呈增长趋势，2004 年我国的再生铝产量为 180 万 t，占国内铝产量的 20%，再生铝产量仅次于美国，位居世界第二位。目前，我国利用废杂铝原料生产再生铝合金的企业主要分布在华北及东部沿海地区，产量最多的地区是河北，其产量约占到全国总产量的 40%。再生铝生产企业相对集中在一些农村和乡镇，如河北省的保定市、浙江永康县、山东省的邹平县及广东省的南海市，都分布着几十家再生铝生产企业，且大部分为民营体制。

再生铝生产是一项技术性很强的系统工程，对废铝的回收利用已引起政府有关部门的重视。据不完全统计，我国现有再生铝企业 2000 多家，其中年产量在 10 万 t 规模的企业只有上海新格公司和江苏怡球公司，年产量在 1 万 t 以上的有 30 家左右。再生铝生产存在的主要问题是生产企业多，小而分散，有许多作坊式的家庭企业。除上海新格、江苏怡球、上海华德铝业、力士达和三门峡天元铝业等公司外，大部分是由一些分散的小熔炼企业经营。由于这些小熔炼企业设备简陋，技术落后，带来许多弊端：一是烧损大，金属回收率低，只有 70% ~ 80%，有的低于60%，浪费了宝贵的铝资源及能源，而发达国家铝回收率则在90% 以上；二是产品质量差，使用性能得不到市场认同；三是对环境造成比较严重的污染。

广东作为我国有色金属生产和消耗大省，有色金属工业尤其是铝加工业、压铸业十分发达。目前，全国较大部分的铝型材加工厂集中在广东，广东拥有大大小小的铝型材加工厂达 167 家，约占全国铝型材企业总数的三分之一。据统计，2007 年，广东的铝材总产量为 294 万 t，占了全国铝材总产量的 25.0%。广东的佛山市南海区大沥镇拥有铝型材生产厂 108 家，是我国的有色金属生产、加工、销售的集散地，素有"有色金属之乡"和"铝材城镇"之称。近年来，广东省大力发展汽车、摩托车、家电、通信、玩具、卫浴洁具等产业，促进了广东有色金属压铸业的发展。据不完全统计，目前广东的有色金属压铸企业已超过2000 家，2007 年全国压铸件产量为 118 万 t，从 2004 年开始，广东的压铸件产量已超过 32 万 t，已成为全国压铸第一大省。这些压铸企业的兴旺也为广东的再生有色金属行业创造了良好的发展空间。

尽管广东的有色金属行业遇到了良好的发展机遇，但也如全国其他有色金属行业一样，存在不少的困难与挑战。由于粗放型的经济增长方式，广东省有色金属工业长期依靠资源的高消耗来推动经济的增长，使得有色金属矿产资源严重不足，资源约束突出。近年来，由于生产所需资源紧缺，材料成本大幅上涨，不仅造成企业生产成本的增加，企业经济效益受到较大的影响，同时，也给企业的发展带来不同程度的压力。为了缓解这些矛盾，广东省各级政府及企业界也开始关注、重视发展再生铝产业。目前，在广东已形成了南海、清远两大废旧有色金属回收、加工与销售基地。其中，南海拥有废旧金属加工回收企业达 200 多家，废旧金属年流通量达到 200 万 t 左右；清远的废旧金属年流通量也达到 20 万 t 左右。这些废旧金属回收企业对广东省再生铝的生产起到了有力的保障作用。

1.4 世界和中国的铝合金再生资源消费动向及市场预测

铝消费方向主要有铝材、导体、铝铸件和炼钢用铝等。只要严格分拣杂铝来料和控制工艺参数，再生铝与电解铝具有相同的使用效果，铝铸件是再生铝的主要消费方向。

1.4.1 世界再生铝消费动向及市场预测

铸造铝合金的用途极为广泛，主要应用于交通运输业、机械行业、轻工行业等，压铸铝合金的特点及典型用途见表 1-2。

表 1-2　铸造铝合金的特点及典型用途

合金牌号	特　点	典型用途举例
ADC1	铸造性能优良，耐腐蚀性和力学性能良好；屈服强度低	汽车主框架、测量仪器和飞机零件
ADC3	耐腐蚀性和屈服强度良好，铸造性能不好	汽车轮挡泥板、洗衣机拨水轮、自行车轮
ADC5	耐腐蚀性能优良，延伸率、冲击值高；铸造性能不好	船外机螺旋桨、钓杆、卷线盘、农机具臂
ADC6	耐腐蚀性能好，低于 5 类，铸造性能略优于 5 类	双轮车手柄，信号灯座，水泵、电饭锅零件
ADC10	力学性能、铸造性能和切削性能良好	汽车气化器、汽缸体、汽缸盖，双轮车减震器、曲柄箱、汽缸盖，农机具齿轮箱、曲柄箱盖，摄像机本体，电动机壳体，电动工具罩盖，缝纫机杆、头，钓具等
ADC12	力学性能、铸造性能和切削性能良好	
ADC14	耐磨性出色，铸造性、屈服强度好，延伸率差	
A380.1	力学性能、铸造性能、气密性、抗热裂性均良好	齿轮箱、空冷汽缸头、机座、气动刹车铸件等
ZLD108	强度高，耐磨性好，膨胀系数小，铸造性能很好	主要用于内燃机活塞及起重机滑轮等

注：资料来源于中国有色金属工业协会统计年鉴。

据有关资料报道，在全世界铝消耗中，铝铸件约占25%，在铝铸件的总产量中，有60%～70%的铝铸件用于汽车制造（世界铝铸件在各行业的应用比例如图1-2所示）。美国汽车铝铸件占整个铝铸件产量的50%，英国占64%，意大利占65%，德国占70%，法国占80%，日本则超过80%。

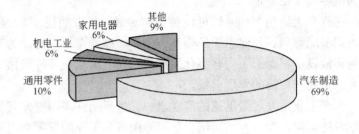

图1-2　世界铝铸件在各行业所占比例

（资料来源于欧洲铝协会（European Aluminium Association）统计）

汽车工业对铸造铝合金的需求以铸件为主，主要用于汽车缸体、汽缸盖、变速箱壳体、活塞、水（油）泵壳体等（铸造铝合金应用于汽车的主要部件系统见表1-3）。

表1-3　铸造铝合金应用于汽车的主要部件系统

部件系统	零件名称
发动机系统	发动机缸体、缸盖、活塞、进气管、水泵壳、油泵壳、发电机壳、启动机壳、摇臂、摇臂盖、滤清器底座、发动机托架、正时链轮盖、发电机支架、分电气座、气化器等
传动系统	变速箱体、离合器壳、连接过渡板、传动箱换挡端盖等
底盘行走系统	横梁、转向机壳体、制动分泵壳、制动钳、轮毂等
其他系统部件	离合器踏板、刹车踏板、方向盘、转向节、发动机框架、ABS系统部件等

注：资料来源于中国有色金属工业协会统计年鉴。

汽车轻型化已成为一种发展趋势，国外 80% 的再生铝应用于汽车工业，根据美国汽车制造业使用再生铝的情况看，当前美国的汽车中使用的铝大约 63% 出自再生铝。随着我国汽车消费的迅猛增长和汽车工业的快速发展，我国正逐渐成为汽车制造大国之一，今后对再生铝合金的需求还将迅速增加，我国也将逐渐成为世界再生铝基地。

在汽车上使用 100kg 铝可代替 200kg 钢，节省油耗 8%。随着人们节能意识、环保意识的提高，汽车、摩托车等以燃油为动力的运输设备都走上了向轻型化发展的道路，为铝压铸件提供了巨大的市场和广阔的发展前景。

汽车工业是发展最迅速的产业之一，世界上许多国家尤其是工业发达国家，像日本、美国、德国等国汽车工业的发展相当迅速，全球汽车年产量已超过 6000 万辆。伴随着汽车工业不断发展的同时，汽车（摩托车）用材也发生了很大变化，传统的汽车用材绝大部分是钢铁，但由于铝合金良好的可加工性和成型性、美观、质轻等优点，在汽车（摩托车）上的使用量不断扩大，目前全世界铝的消费量中约 16% 用于汽车工业，有些工业发达国家已超过 20%，甚至达到 25%，单台汽车的铝材用量也在不断增加。据欧洲铝协会（European Aluminium Association）统计：1990 年欧洲汽车的用铝量为 50kg/辆，2002 年为 95kg/辆，2005 年的平均铝含量为 150kg/辆，2009 年小轿车的平均铝含量可达 156kg/辆，而 2010 年预计铝含量可达 180kg/辆；北美生产的轿车平均含铝量从 1991 年的 87kg/辆发展到 2002 年的 120kg/辆，其中再生铝合金用量为 48kg/辆左右，而且发展势头还在持续；日本铝业协会最近预测了车身重量为 1543kg（平均值）的轿车在 10 ~ 25 年后的用铝量，1998 年每辆轿车的用铝量为 105kg，到 2010 年每辆轿车的用铝量将增加到 150kg，到 2025 年预测每辆轿车的用铝量将达到 250kg。世界各国的汽车铝化程度也不尽相同，各国都结合本国国情和消费市场的具体情况，不同程度地加快各类汽车的铝化程度。

1.4.2 我国再生铝消费及市场预测

1.4.2.1 汽车工业的需求

汽车工业是我国的重点支柱发展产业, 2007 年全国共生产汽车 888 万辆, 比 2006 年增长 22%, 在美国、日本之后, 居世界第三位, 其中轿车产量以 638 万辆居世界第二位。1997～2007 年我国汽车产量增长曲线如图 1-3 所示。

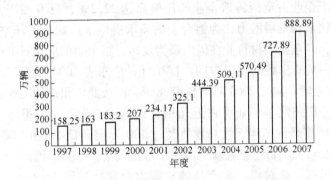

图 1-3　1997～2007 年全国汽车产量
（资料来源于中国有色金属工业协会统计年鉴）

随着我国经济的快速发展和国家对汽车产业的政策支持, 以及世界汽车产业向发展中国家转移, 我国的汽车需求量和消费量必将出现较大的增长。展望未来, 汽车工业高速增长, 有可能引领新一轮消费升级, 成为带动今后一个时期经济增长的重要力量。根据汽车工业发展趋势及今后几年的经济形势, 预计 2010 年汽车产量将达到 1000 万辆左右, 其中轿车约 500 万辆。

随着世界汽车铝化率的不断提高, 我国汽车的铝化率也在不断增长, 目前我国汽车平均单车耗铝量为 80kg 左右。加之我国汽车产量的迅速扩大, 用铝量将会有更大的增加。近十年来, 世界铝产量增加的 70% 来自发展中国家, 而发展中国家铸造铝合金的产量仅占铝消费的 18% 左右, 比世界平均水平还差

7 个百分点。预计 2010 年我国铝消费量应在 1000 万 t 左右，铝铸件占铝消费量的比例按 20% 估算，预计 2010 年我国铝铸件消费量应在 220 万 t，其中用于汽车的铸件消费量约为 130 万 t。

广东省及周边地区经济实力在国内一直位列前茅，汽车、摩托车、家电产业都是广东省的优势产业，在全国也具有重要的地位，为再生铝的应用创造了广阔的空间。据统计，华南地区铸造业生产企业占全国铸造企业的比例高达 22.2%，具有相当大的市场比重和发展潜力，为铝合金的需求提供了广阔的市场空间。另外，广东铝型材行业在国内最为发达，再生铝的应用日渐引起重视，具有广阔的发展空间。据统计，广东省 2004 年汽车产量约 30 万辆，同比 2003 年增长 45.8%。而按照广州市的工业总体规划，广州汽车工业将在近几年有跨越式的发展。据报道，至 2010 年广州汽车年下线总量将超过 100 万辆，日本丰田汽车 50 万台发动机项目也已经获得国家批准正式落户广州。因此，仅广州地区汽车业对铝合金产品的年需求量就将达到 15 万 t 左右。广州乃至广东省内高速发展的汽车产业已为珠三角地区铝合金产品的生产和应用提供了广阔的市场，成为珠三角地区铝合金产品需求持续增长的坚实基础。

1.4.2.2 摩托车工业的需求

我国已成为世界摩托车生产第一大国，产量约 1429 万辆，出口 150 多个国家和地区。但随着摩托车的日益普及和世界能源及环保等综合问题的日趋严重，对摩托车用材也更为苛刻，铝材是摩托车轻量化和现代化的理想材料。根据专家预测，今后摩托车的需求量不会大幅度上升，2010 年需求约 1800 万辆，摩托车每年用铸造铝合金将在 40 万 t 左右。近年来，电动自行车形成新的热点，全国已有生产企业几十家，年产量约 200 余万辆，尚在迅速扩展中，为压铸件市场开拓了新的领域。

据统计，2004 年广东省摩托车产量为 381 万辆，同比增长

37.4%，占全国摩托车产量的22%。据估算，广东省摩托车产业对铝合金的需求量超过8万t。仅从再生铝的应用数量而言，目前摩托车行业可以说是广东省再生铝的一个主要应用领域。我们以广东省的摩托车集散地——佛山大沥镇举例说明。目前，大沥拥有整车生产企业两家，分别是广东大福摩托车有限公司（拥有大福、豪达、双键三个品牌）和佛山市南海大沥陆豪摩托车有限公司（拥有陆豪、陆嘉、陆康、粤龙四个品牌），整车年生产能力超过50万辆，发动机年生产能力也在50万台以上。此外，大沥还有摩托车零部件生产企业17家，形成了有机的产业链，而在广州地区也拥有如五羊—本田这样的摩托车制造的大企业。

1.4.2.3 家电行业的需求

家电行业的产品结构决定了它与有色金属需求结构的内在规律性。20多年来，我国家电行业发展迅速，已经形成了超过2000亿元市场规模的成熟产业。目前我国彩电、空调器、微波炉、电冰箱、洗衣机等众多小家电产品的生产规模均已位于世界首位，并持续多年保持两位数增长的态势。2004年，空调器和微波炉在全球所占比重接近80%，空调压缩机产量在全球所占比重也达到了70%左右。根据中国家用电器协会的统计，2000～2004年，家电行业对铝的需求以年均34.7%的速度增长。2004年，家电行业对铝合金的需求量达到20万t。

据统计，广东省2004年共生产家用洗衣机184万台，占全国产量8%；家用电冰箱850万台，占全国产量28%；家用空调3242万台，占全国产量46.01%；家用电视机4265万台，占全国产量56%。这些行业对铝合金材料的需求量也是相当巨大的，对铝合金材料的需求量每年5万t左右。同时，五金、电子等行业也是广东省的优势产业，对铝合金的需求量也相当可观。

1.4.2.4 压铸件行业需求

据初步统计，广东省压铸件年产量超过5000t的企业有10

多家，年产量超过 1000t 的企业有几百家。目前广东省的压铸产品主要依靠出口，70% 压铸件订单来自国外，出口国家和地区包括欧美、日本、东南亚、中国香港特别行政区等。随着省内外交通运输及家电、建筑五金行业的快速发展，广东铸造行业在出口继续持续稳定增长的同时，其内需的大幅增长也必将提高对有色合金的需求量。表 1-4 所示为广东部分铝压铸企业 2004 年的生产情况。

表 1-4　广东部分铝压铸企业 2004 年的生产情况

企业名称	压铸机台数	产量/t	主要产品
广东鸿图科技股份公司	21	7200	梯级、机电等
广东南海文灿压铸有限公司	45	10000	汽车件、家电
广东鸿图制造厂有限公司	60	10000	汽车、通信及家电
广东宜安实业有限公司	35	6000	家电、厨具等
江门华铃精密机械有限公司	11	6000	摩托车件、家电等
东莞金长德重力铸造厂		约4000	五金、机械

注：资料来源于广东省工业协会统计年鉴。

铝合金铸造产品占据了汽车零部件中较大的份额，是与再生铝的应用较为紧密的一个产业。据统计，仅广东佛山地区就拥有汽车配件企业 169 家，初步形成南海、顺德、三水等汽车配件基地，产品涵盖汽车主要零配件的数百个品种。2004 年，广州汽车零部件产业产值达到 163 亿元，比上年增长 52.3%。到 2010年，广州的汽车零部件产业产值将达到 1000 亿元，也为再生铝的发展增添了广阔的市场。

按照广东省统计局统计，2004 年广东省仅汽车仪器仪表就达到了约 837 万台。而汽车铝轮毂的数量也达到了惊人的地步，如广东东凌集团有限公司（戴卡）年产铝轮毂 250 万只，

2006 年底达到 500 万只铝轮毂的产能；华泰集团的广东华泰（江门）铝制品有限公司铝轮毂产能超过了 300 万只，南海中南铝合金轮毂公司铝轮毂产量超过 150 万只；另外还有规划建设的中南铝业（广东）有限公司铝轮毂产能也将达到 200 万只等。据估算，全省汽车零配件铝合金需求量超过 10 万 t，并将在未来几年内快速发展。广东压铸行业中涌现出了一大批的特大型压铸企业集团，如广州东风本田发动机有限公司年产铝合金铸件达到 9000t；广东南海文灿压铸有限公司，拥有 1650t 等压铸机共 45 台，年产铝合金压铸件超过 1 万 t，产品 80% 出口。

1.4.2.5 变形铝合金生产的需求

挤压铝合金圆锭是生产挤压材（如型材）的原材料。我国现有铝挤压企业大部分配有熔铸车间，是以重熔铝锭为主的固体料配料，成本相对较高，目前国内许多企业已开始认识到自己生产圆棒从资金占用、生产成本及人力管理等方面综合考虑，不如外买专业铝厂供应的圆棒经济合理。挤压铝合金圆棒很大一部分就是用变形废料再生的，在满足产品质量要求的同时，可以大大地降低企业生产成本，提高产品的市场竞争力。

从 21 世纪开始，由于拉动经济增长的需要，房地产、机械、航空航天等行业保持较高的增长势头，挤压材消费量持续上升，2004 年铝挤压材产量已经达到 400 万 t 左右。估计在本世纪的前十年，国内铝挤压材的综合需求增长率将维持在 3% 左右，预计 2010 年铝挤压材消费量 450 万 t 左右，约按 30% 的用变形废料生产，则需要 135 万 t 左右变形再生铝合金。

根据国家有色金属行业协会估算，广东省铝型材企业 164 家，约占全国铝型材企业总量的 1/3 以上，2004 年广东省铝挤压材年产量约占全国 300 万 t 中的 40%。目前铝挤压企业大部分是以重熔铝锭为主生产挤压变形铝合金棒，成本相对较高，因而部分铝挤压企业开始寻求外购铝棒以降低自己的熔铸生产成本。该项目还可利用所回收的变形废铝和原铝合理配料生产挤压圆棒，具有成本低、附加值高的特点，在市场中具有较强的竞争力，将可以在广东省铝型材原材料供应中占据一席之地。

1.4.2.6　其他行业的需求

随着全国居住条件的改善，房地产业的巨大需求，有力地促进建筑五金、家用五金的迅速发展，为铝合金压铸业持续发展注入新的活力。玩具、汽车模型行业发展势头仍然兴旺，其对铝合金材料的旺盛需求还将延续。国家将社会信息化作为重点发展方向，持续几年我国电子及通信产品增长率保持在 25% 以上。这也将为铝压铸生产持续增长增添新的动力。同时，自动电梯铝合金梯级压铸等产业的迅速发展，涌现出苏州迅达电梯有限公司、广东鸿图科技股份有限公司等一大批铝合金梯级压铸企业。而在2004 年，我国船舶工业造船载重量突破 850 万 t，占世界造船市场的 15%，2005 年超过 1000 万 t。船舶工业的兴旺成为铝铸造业的又一市场。

改革开放以来，我国钢铁工业有了长足的发展，2009 年全国钢产量将达到 6 亿 t，仅完成钢的脱氧一项，就需要再生铝约100 万 t。

1.5　世界和中国的铝合金再生资源供应市场分析

1.5.1　世界铝合金再生资源供应市场情况

国际上各种铝产品的一般使用期限及回收率见表 1-5，其中回收率最高的是建筑及结构铝构件，使用期限最短的是铝的包装品，仅 6 个月。除有法规规定期限强制报废的产品外，在中国许多产品如家用电器、铝门窗、日用品等的使用年限都比发达国家规定的时间长得多。20 世纪 80 年代中期安装的窗式空调器有些现在还在使用，可是在工业发达国家的使用年限仅十至十五年或更短。

表 1-5 发达国家各种铝产品的使用期限及回收率

产 品	最高年限/年	最低年限/年	回收率/%
交通运输铝件	20	10	85
建筑及结构	30	15	90
包装铝	0.5	1/12	65
机械装备	20	10	85
电器电子设备	25	15	85
家用电器	20	10	80
其 他	15	5	50

注：资料来源于欧洲铝协会（European Aluminium Association）统计。

1.5.2 中国铝合金再生资源供应市场情况

铝的消费都以铝制品、铝工件、铝结构等形式应用于各个领域，如日用铝制品、机器与机械、电器产品中的铝工件、建筑与结构设施中的门窗、装饰件与结构件、包装容器、袋、桶、罐等，在它们使用期以后，以废旧铝形式得到回收。当然，有些是得不到回收的，如包装香烟、牛奶、糖果点心等的铝箔，易拉罐的拉环与封口片、酒瓶等的封装箔与防盗盖等，按这一类废铝估算，至少有80%左右的铝是可以得到回收的。据有关部门的每年消费原铝锭、净进口的铝材、铝废料、铝及铝合金等的资料统计，1953~2004年国内社会上积蓄的铝已达5000万t；此后每年积蓄的铝会逐年增加，2005~2010年还可再积蓄约4500万t，这表明此后废铝资源的提供是有保证的。尽管如此，中国自有的铝废料不能满足国民经济持续高速发展的需要，还需要较多的进口。

需要指出的是，实际上中国社会上积蓄的废铝远比上述的数字要大，因为中国是一个机器设备、电器、交通运输工具等产品的进口大国，它们都含有一些铝及铝合金零件。另外中国还进口一些废机器与废电器，它们也含有一定量的铝，但并没有计算在进口的废铝内。

目前，我国再生铝厂利用的废铝主要来源有两个，一是国内产生的废铝，二是从国外进口的废铝。虽然都是废杂铝，但二者质量明显不同。在工业发达国家，铝的消费量大，产生的废铝也多，而且很早就有完善的废铝收购机构。废铝品位纯，利用价值高。国内废铝资源虽然较为充足，但由于废铝回收网络和配套体系不完善，从业人员缺乏对铝及铝合金废料分拣意识和专业知识，造成一些混料，导致回收的铝及铝合金废料类别和级别下降。

1.5.2.1　国内废铝

自20世纪80年代初中国有色金属工业提出"优先发展铝工业"的战略方针以来，铝工业就有了长足的发展。2004年原铝产量与消费量已达700万t左右，成为世界第一大铝生产国与消费国。铝工业在有色金属工业中是产业关联度最高的产业，在中国现有的124个产业中，有113个部门使用铝，占91%。由于铝消费量的不断增加，必然带来铝合金废料量的增加。常见废铝的来源有三种：熔铸废料及炉渣，这一类主要是来自铝加工厂的熔铸车间的熔铸废料、残次品、废铝锭和铝废渣等；门窗装配厂、制罐厂等加工的边角料、废坯料、废铝屑及铝材废品等；社会废铝，这一类主要是从社会上收购的废铝，包括废易拉罐、废旧日用器皿和铝箔包装袋、废铝软管、旧门窗、废旧电线电缆等。

目前我国铝材产量已接近600万t，每年产生边角料、残次品、铝屑等废料基本上由企业自己的熔铸车间消化，只有一小部分外卖。社会收购废铝是再生铝的主要原料来源，据初步估计，我国目前包装、运输、电力、轻工、建筑等行业每年产生的废杂铝已超过150万t。我国易拉罐消费量约为90亿只，平均每个易拉罐按13g计算，年废弃易拉罐质量为

11.7 万 t，如按 90% 回收，则每年回收易拉罐废料为 10.5 万 t。此外铝喷雾罐、防盗盖、牙膏皮、软包装铝箔等都是可回收的废铝资源。

目前，在我国广东已形成了南海、清远两大废旧有色金属回收、加工与销售基地。其中南海拥有大大小小废旧金属加工回收企业达 200 多家，废铝年流通量达到 100 万 t 左右；清远的废铝年流通量也达到 20 万 t 左右。这些废旧金属回收企业在对回收的废旧金属进行拆解、分拣和简单的处理后，把一部分废铝销往广东及国内其他地区，另一部分用于本地区企业的生产。除以上废旧金属回收企业，广东还拥有众多的再生铝生产企业，这些企业从国内（主要是广东）、国外两个市场购买大量的废铝用于企业的生产，以降低企业的生产成本。总体而言，广东的再生铝资源借助广东得天独厚的地理位置、有利的市场条件，在最近几年得到了较快的发展。

1.5.2.2 进口废铝

由于我国铝消费的持续增长，在原铝消费量不断增加的同时，每年进口的废铝数量也很可观，中国是全球进口废铝较多的国家之一，进口量仅次于日本。1993～2005 年废铝进口增长曲线（如图 1-4 所示）。2005 年中国进口废铝总量为 170 万

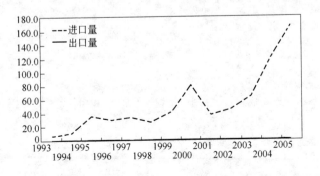

图 1-4　1993～2005 年废铝进出口量

（资料来源于中国有色金属工业协会统计年鉴）

t，比 2004 年的进口量 120 万 t 将近增长 40%。向中国出口废
铝的国家和地区有 70 多个，其中美国最多，为 50 万 t，占中
国总进口量的 30%。与铝锭的进口形势类似，随着边贸政策的
取消，从哈萨克斯坦、俄罗斯和吉尔吉斯斯坦进口的废铝有所
下降。

2 中国铝合金再生资源发展
研究流程和战略分析

本书以中国铝合金再生资源发展为研究方向，通过对世界、中国及广东省再生铝合金生产、消费和资源供应市场，以及对中国铝合金再生资源 SWOT 战略和 TOWS 矩阵竞争战略分析，阐明了中国铝合金再生资源发展必须走可持续发展道路，致力于资源节约型和环境友好型建设。同时，结合广州有色金属集团公司铝合金再生资源发展的实证，通过对实证研究的背景、意义的分析，阐明铝合金再生资源发展的重要性和必然性；通过对产品市场的调查分析，阐明铝合金再生资源发展的可行性；通过对产品方案、工艺技术和设备选型的甄别比较，阐明铝合金再生资源发展的技术特点和先进性；通过对安全、环保因素的分析，阐明了铝合金再生资源发展的安全性和环保性；通过对组织结构和生产组织的分析，阐明了铝合金再生资源发展的稳定性；通过对风险因素和损益的评估，阐明了铝合金再生资源发展风险的可控性和良好的经济效益。从而进一步证明了中国铝合金再生资源发展，必须要以再生技术创新应用为支撑，走可持续发展的道路。

2.1 中国铝合金再生资源发展研究流程图

中国铝合金再生资源发展研究流程，如图 2-1 所示。

2.2 SWOT 竞争战略分析

2.2.1 主要竞争厂商情况

国内再生铝企业相当多，但应用先进工艺与处理技术的再生

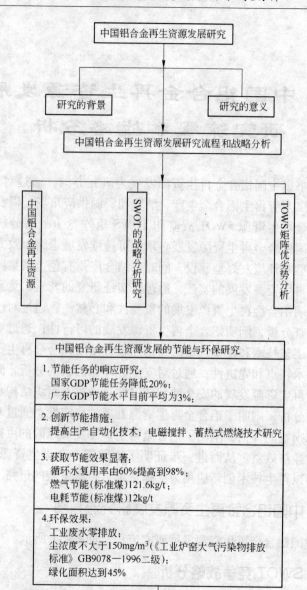

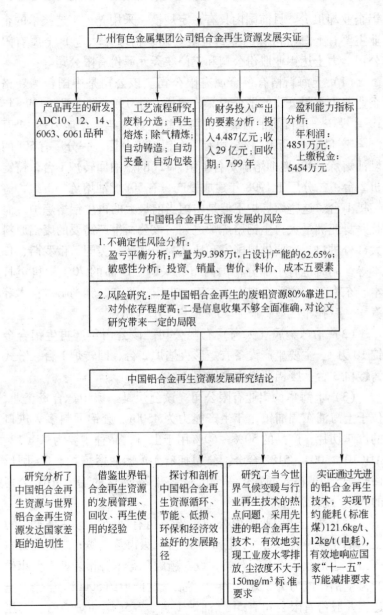

图 2-1　中国铝合金再生资源发展研究流程图

铝企业却很少。目前国内具有一定规模、采用先进工艺技术的企业主要有上海新格有色金属有限公司、怡球（太仓）金属有限公司、力士达铝业股份公司和三门峡天元股份有限公司等：

（1）上海新格有色金属有限公司。该公司是中国台湾新格企业股份有限公司的子公司。公司成立于1993年1月，1994年10月投产，是目前中国最大的再生铝企业，年生产能力达14万t，年产量近10万t。该公司有两个铝熔炼分厂，一分厂有50t的燃油熔炼、40t燃油熔炼炉各1组，12t的燃油回转炉1台，铸锭机2台；二分厂于1998年建成投产，有50t燃油熔炼炉1组，铸锭机1台。这些熔炼炉不但是中国当前最大的再生铝熔炼炉，而且跻身亚洲最大再生铝熔炼炉之列。该公司生产需要的废铝原料大部分进口，主要进口国家和地区为：欧洲、美国、俄罗斯、日本等，同时也有小部分在国内市场采购。产品的70%销售至日本、东南亚，主要客户有：本田、丰田、日产、雅马哈、铃木等汽车、摩托车工业；产品30%销售至国内用户。

（2）怡球金属（太仓）有限公司。该公司年产再生铝合金锭10万t。主要生产设备有矩形火焰炉2台、回转炉1台、链式铸锭机3台。废铝原料主要依靠进口。

（3）上海华德铝业有限公司。该公司是一家中德合资企业，位于上海浦东周浦镇，年生产能力为4500t。废铝原料多为进口的汽车切片，产品的50%～60%用于出口，品种主要为ADC12、ADC10、3004、5182合金。公司拥有10t燃油熔炼炉、13t圆形回转炉、20t箱式静置炉等。试验室有24通道的瑞士ARL公司的光谱分析仪1台。

（4）力士达铝业股份公司。该公司有两个厂：一是永康力士达铝业股份有限公司，位于浙江省永康市芝英镇；二是乌鲁木齐力士达铝业股份有限公司，设在新疆乌鲁木齐市。两个厂年生产再生铝锭能力为5万t，年生产铝型材能力约5000t。永康力士达铝业股份有限公司有5t燃油炉1台、7.5t燃油炉2台，挤压机4台。除生产ADC12再生铝锭外，还生产A356铝合金锭。所生产的再生铝合金锭大部分出口到日本丰田汽车所属的压铸厂，月出口量约1500t；其余产品销往国内的易初、轻骑、大长江等摩托车厂等。乌鲁木齐力士达铝业有限公司有 10t 燃油炉 2 台、5t 的燃油炉 4 台。

（5）三门峡天元股份有限公司。该公司再生铝厂建于 2003 年，年产再生铝合金锭 5 万 t，其中铸造铝合金锭 3 万 t，挤压铝合金圆锭 2 万 t。主要生产设备有侧井反射炉、回转炉、半连续铸造机各 1 台，链式铸锭机 2 台。原料 80% 进口，20% 国内采购。

2.2.2 SWOT 分析原理

SWOT 战略分析工具图如图 2-2 所示。

优　势 Strengthens	劣　势 Weakness
机　会 Opportunity	威　胁 Threatens

图 2-2　SWOT 战略分析

广东省铝合金再生资源的 SWOT 战略分析条件。SWOT 战略分析是根据广东省内外的环境和条件来进行相对比较分析研究，用 SWOT 战略分析的工具来研究广东省铝合金再生资源项目。在分析的过程中澄清决策者的发展思路，当然这种思路也没有最好，只是相对合适的思路。要达到这种作用，首先是用 SO 来分析，这是利用机会再造优势的过程研究。而广东省铝合金再生项目的机会在于珠三角经济区域的先进制造装备业和汽车工业的迅速发展需要大量高性能、高品质的再生铝合金材，这是经济区域市场需求的商机。所以，及时抓住这一商机来再造广东省铝合金资源生产发展的优势是可行的。其次，用 SW 来分析，这是利用优势改善劣势的过程研究。在 SO 再造研究的基础上，再来改善广东省铝合金资源紧缺的劣势。再次是用 ST 来分析，这是威胁再造优势的过程研究，虽然广东省铝合金资源的再生是填补省内空白的项目，但是它同样面临国际与国内行业的激烈竞争，所以创新设计出环保、低耗、高效的广东省铝合金资源再生项目，这正是在行业的竞争威胁中再造广东省先进的制造装备业所需的铝合金新材料的优势。最后是用 WT 来分析，这是在劣势的条件下，思考威胁环境转化的过程，要实现这种艰难的转化，领导者先要理清思路，善于在劣势和威胁中寻找发展机会，在机会中再造优势，这就是中国铝合金再生项目研究的战略意义所在。

2.3　TOWS 矩阵优劣势分析

TOWS 矩阵优劣势分析如图 2-3 所示。

TOWS 分析	S—优势 1. 从事铝合金再生资源的基础； 2. 中国铝合金再生资源市场需求大； 3. 铝合金再生工艺技术先进； 4. 铝合金再生节能指标先进； 5. 铝合金再生环保指标先进	W—弱势 1. 中国废铝资源不足； 2. 废铝进口比例占 80%； 3. 市场价格跌幅风险大； 4. 资金周转量大
O—机会 1. 发展潜力大；中国铝合金再生 20%；日本铝合金再生 98%； 2. 市场需求大； 3. 铝合金再生附加值高	S—O 战略 1. 在广州增城设计年产 15 万 t 铝合金再生资源基地（S3、S4、S5、O2、O3）	W—O 战略 1. 与香港金钧公司合作（W1、W2、O2、O3）
T—威胁 1. 中国采购废铝难度大； 2. 废铝市场价格风险； 3. 废铝资源的税收问题； 4. 从国外进口废铝资源通关实效问题	S—T 战略 1. 在国外设立采购点； 2. 联合专业通关企业； 3. 做好废铝套期保值	W—T 战略 1. 加快资金周转； 2. 引进香港金钧公司合作伙伴； 3. 培植废铝合金资源采购渠道

图 2-3　TOWS 矩阵优劣势分析图

3 中国铝合金再生资源 发展的节能与环保

3.1 节能

随着我国经济快速增长，经济发展与资源环境的矛盾日趋尖锐。这种状况与经济结构不合理、增长方式粗放直接相关。因此，实现节约发展、清洁发展，不仅是我国转变增长方式、实现又好又快发展的现实要求，也是减缓全球气候变暖、应对全球气候变化的迫切需要。我国"十一五"规划纲要提出，"十一五"期间单位国内生产总值能耗降低 20% 左右、主要污染物排放总量减少 10%。广东作为经济大省、资源小省，在资源、环境压力日益突出的情况下，实现节能、环保是保持区域经济可持续发展的紧要任务。近年来，广东节能工作取得了一定成效，全省单位 GDP 能耗在 2005 年全国最先进的基础上，2006 年下降 2.93%，2007 年下降 3.15%，2008 年又下降 3.5% 以上，为实现"十一五"节能目标奠定了良好基础。但是，节能减排目标面临的形势依然严峻，有色行业仍然是节能环保的重点工作部门。在这种大背景下，我国铝合金资源再生发展必须走资源节能型、环境友好型的发展道路。

我国铝合金资源再生项目的设计，必须贯彻国家产业政策及行业节能设计规范，采用先进生产工艺和设备，以求最大限度节约能源。

3.1.1 生产工艺节能措施

铝合金资源再生项目以回收的废铝为原料，可节约资源，降低生产成本；采用热渣压制设备，可提高金属回收率。采用余热利用技术进行熔炼，可节约能耗。

熔铝炉采用电磁搅拌，可以节能降耗，同时由于搅拌、熔化时间短，可减少金属烧损，提高成品率。

熔炼炉及保温炉采用新型耐火材料和保温材料，可提高热效率，实现节能降耗。

3.1.2 选用先进的节电设备

变压器选用节能型变压器，配置接近使用负荷点，减少线路损耗。

为减少车间变压器无功电流引起的损耗，应在配电站低压侧采用集中补偿措施。

车间吊车采用安全滑触线，它与角钢滑触线相比，不仅安全，而且可节约电能。电动机选用 Y 型电动机，它具有高效节能、噪声低、振动小、运行安全可靠等优点。为了节省照明用电，设计采用高效节能的金属卤素灯，单灯配有电容补偿器，按生产设施分区控制。

3.1.3 供排水的节能

铝合金资源再生项目生产用水循环使用，循环水复用率为98%，满足有色金属加工行业循环水复用率大于80%的要求，节约了大量新水。

循环供水系统靠近用户，就近布置，减少沿途水压降低损失，节约用电和投资。

3.2 能耗指标及分析

3.2.1 生产能耗

能耗主要有生产车间的设备耗能和项目的综合耗能。生产车间包括预处理车间和铝合金铸锭车间。

预处理车间主要能耗品种有电、水。能耗统计见表3-1。

表3-1 预处理车间能耗统计

耗能品种	年耗量	单位产品能耗量	单位产品能耗量(标准煤)/kg·t^{-1}
电	$364 \times 10^4 kW·h$	$51.45 kW·h/t$	20.8
循环水	$5.035 \times 10^4 m^3$	$0.7 m^3/t$	0.1
新水	$2650 m^3$	$0.04 m^3/t$	0.01
小　计			20.9
不可预计量按10%计			2.1
合　计			23

注：资料来源于对中国有色金属企业技术指标的收集。

铝合金铸锭车间主要能耗包括天然气、电、水、压缩空气、氮气等。能耗统计见表3-2。

表3-2 铝合金铸锭产品能耗统计

耗能品种	年耗量	单位产品能耗量	单位产品能耗量(标准煤)/kg·t^{-1}
天然气	6386t	70.96kg/t	121.6
电	$270 \times 10^4 kW·h$	$30 kW·h/t$	12.1
循环水	$153.9 \times 10^4 m^3$	$17.1 m^3/t$	1.7
新水	$8.1 \times 10^4 m^3$	$0.9 m^3/t$	0.2
压缩空气(标态)	$239.1 \times 10^4 m^3$	$26.6 m^3/t$	1.1
氮气	$13.5 \times 10^4 m^3$	$1.5 m^3/t$	0.6
小　计			137.3
不可预计量按10%计			13.7
合　计			151

注：资料来源于对中国有色金属企业技术指标的收集。

由表3-3可以看出，再生铝合金锭车间单位产品能耗优于一级能耗指标，节能效果显著。

表 3-3 有色金属加工企业产品能耗（标准煤）指标（kg/t）

项 目		一级	二级	三级
行业指标	铸锭［重（柴）油或柴油］	196	218	262
该项目能耗	铝合金锭		151	

注：资料来源于对中国有色金属企业技术指标的收集。

3.2.2 综合能耗

项目综合能耗包括电、新水、天然气等。综合能耗详见表 3-4。

表 3-4 项目综合能耗

能耗品种	年耗量	单位产品能耗量	单位产品能耗量（标准煤）/kg·t^{-1}
电	$900 \times 10^4 kW \cdot h$	$60 kW \cdot h/t$	24.2
新水	$24.36 \times 10^4 m^3$	$1.62 m^3/t$	0.4
天然气	$9 \times 10^6 m^3$	$60 m^3$	110.6
小 计			113.8
不可预计量按 10% 计			11.4
总 计			125.2

注：资料来源于对中国有色金属企业技术指标的收集。

由表 3-4 可知，该项目单位产品综合能耗（标准煤）约 125.2kg/t 产品。

3.3 铝合金再生资源的环境保护

3.3.1 设计采用标准

设计采用标准主要有以下几个：

（1）《工业炉窑大气污染物排放标准》GB 9078—1996 二级；

（2）《大气污染物排放限值》DB 44/27—2001 二级；

（3）《水污染物排放限值》DB 44/26—2001 三级；

（4）《工业企业厂界噪声标准》GB 12348—90 Ⅱ类。

3.3.2 主要污染源排放情况及治理措施

3.3.2.1 大气污染物

铝合金锭车间拟配置 3 套熔化保温炉组，以天然气为燃料。在熔炼过程中产生含烟尘（主要成分为 Al_2O_3、NaCl、KCl 等）、SO_2、HCl 等污染物的废气，在搅拌、扒渣过程中有少量烟气从炉门外逸，拟采用炉门排烟罩和机械排风系统，将烟气捕集后送除尘系统净化处理达标后，通过不低于 15m 高排气筒排放，预计污染物排放浓度可以满足《工业炉窑大气污染物排放标准》GB 16297—1996 二级（金属熔化炉烟（粉）尘浓度不大于 $150mg/m^3$，SO_2 浓度小于 $850mg/m^3$）及《大气污染物排放限值》DB44/27—2001 二级标准（HCl ≤ $100mg/m^3$，15m 高排气筒排放速率为 0.21kg/h）要求。

3.3.2.2 废水

废水分生产废水和生活废水。生产废水主要为铝合金锭车间循环水系统的排污水，循环系统排污水分净循环和浊循环排污。净循环系统的排污水属清净废水，仅含盐分较高，可直接排入公司下水管网。浊循环系统的排水中含少量石油类及悬浮物，设计经撇油机处理后排入公司下水管网。预处理车间用水主要为洗涤水，对水质要求不高，车间设沉淀池，洗涤水经沉淀池处理后回用，只补充新水，废水不外排。生活污水主要来自车间卫生间、洗手池、食堂、宿舍等处，主要含有机污染物。经化粪池处理后与生产废水汇合排入市政污水管网。预计本工程的生产生活废水经处理后可满足《水污染物排放限值》DB44/26—2001 三级标准，拟排入市政污水管网，进入污水处理厂进一步处理。

3.3.2.3 固体废物

项目年生产过程中产生的固体废物排放量为 0.668 万 t，废铝灰渣可作净水剂外售，分拣及预处理系统产生的非金属杂物及熔化保温炉组除尘系统收灰拟外运垃圾填埋场处理。

3.3.2.4 噪声

主要高噪声源为破碎机、锯切机、空压机、风机等。空压站根据生产能力安装 $23m^3/min$ 空压机 3 台，为减轻噪声对周围环境的影响，对空压机、风机分别安装消音器减噪，对其基础采取减震措施，并分别配置在单独的机房内；对破碎机、锯切机进行设备基础减震处理。其他生产设备拟采用基础减震及厂房隔声措施。

3.3.3 绿化

绿化在美化环境、净化空气及减小噪声污染方面起着重要作用。项目应在公司道路两旁及建筑物之间的空地种植树木、花卉和草皮等，使绿地占地率达到工业设计标准。

3.3.4 环保机构及投资

3.3.4.1 环保机构及监测机构

项目应按有关规定设置环境保护及劳动安全卫生管理机构，设专职管理人员，负责全厂的环境保护及劳动安全卫生管理工作。环境监测工作可委托当地有资质的监测单位承担。

3.3.4.2 环保投资

用于烟尘治理、废水治理、噪声防治等项目的环保投资，采用的处理设施见表3-5。

表 3-5 环保投资设施

序号	项 目	环保设施	备 注
1	熔炼保温炉组烟气治理系统	布袋除尘系统	
2	浊循环水系统	带式除油机	
3	生活污水	化粪池	
4	噪声防治	消声、隔声、减震	

4 广州有色金属集团公司
铝合金再生资源发展实证

4.1 项目名称与建设单位

4.1.1 项目名称

广州有色金属集团公司年产 15 万 t 再生有色合金项目，项目性质为新建投产项目。

4.1.2 建设单位概况

该项目是由广州有色金属集团公司与香港金钧有限公司合资建设的有色金属再生铝合金企业。广州有色金属集团公司是专门从事有色金属冶炼、加工、冶金物流贸易的大型国有企业。下属有广州铝材厂有限公司等 14 家企业，现有员工 2069人。广州铝材厂有限公司于 1997 年通过 ISO9001 国际质量体系认证。

广州有色金属集团公司 2008 年全年累计完成工业总产值27.21 亿元，有色金属产量 11.24 万 t，实现销售收入 64.42 亿元。公司现有资产总额 49.04 亿元。

广州有色金属集团公司秉承"以人为本、追求卓越、永不满足"的理念，建立现代化管理架构，强化内部管理，坚持改革与发展并重。通过优良资产的整合和扩张，不断加大产业和产品结构调整力度，壮大企业实力，努力将集团建设成为具有世界先进水平的大型有色金属加工企业，为振兴我国有色金属工业做出更大的贡献。

4.2 编制原则及项目研究范围

4.2.1 编制原则

设计过程中执行国家、省市、行业的有关法律、法规、标准、规范、规定等;采用具有国际先进水平的生产工艺和工艺设备,关键设备由国外引进,以保证产品质量,提高生产效率;注重环境保护,采取有效可行的措施减轻生产噪声、污染物等对周围环境的影响。

4.2.2 项目研究范围

项目就再生铝合金锭生产的原料来源及价格、产品市场需求、生产工艺流程、主要工艺设备选择、投资的经济效益、环境保护等进行综合技术论证。包括市场预测、建设规模、主要生产设施、投资估算、经济效益测算及研究等。

4.3 项目背景

我国是铝矿资源比较贫乏的国家, 铝矿资源储量仅占世界总量的 1.94%, 且品位低, 经济可利用部分仅占拥有资源储量的 16.24%。2002 年以来,我国铝产量连续两年居世界第一,而铝矿资源只能满足生产需要的一半,其余 48% 的氧化铝靠进口。由于我国大量进口氧化铝,国际市场氧化铝供应紧张,价格一路上涨。因此,如果不改变目前的铝业生产格局,我国铝矿资源对国际市场的依赖程度将越来越高。我国 2003 年原铝产量为 549.7 万 t,再生铝产量为 145 万 t,2004 年原铝产量为 680 万 t,再生铝产量约为 180 万 t,仅为原铝产量的 26.4%。我国是铝生产和消费大国,但铝资源贫瘠,对铝的回收利用已引起有关部门的高度重视。据不完全统计,我国现有的再生铝企业约 2000 家,生产规模在 1 万 t以上的也不超过 30 家,其中年生产能力为 10 万 t 的只有上海新格和江苏怡球。大部分再生铝生产企业设备简陋,技术落后,造成熔炼烧损大,金属实收率只有 70% ~80%,有的不足 60%,浪费了宝贵的铝资源及能源,并且对环境造成较大污染。因此,加快发展再生铝产业,已成为推动我国铝工业可持续发展的必然选择。

废铝再生的能耗不足原铝生产的 5%,并且生产工艺流程短,在生产过程中产生的废气、粉尘和废渣量少,对环境污染轻(比每吨原铝生产少排放 CO_2 95%、硫化物 0.06t、废渣、废液 1.9t),治理三废的投入少。所以,再生铝的生产和消费便成为当今世界铝工业的重要组成部分,特别在自然资源日趋减少的今天,废铝资源的再生利用已经变得刻不容缓。废铝资源的再生利用可以满足市场需求,增加有效供给。机械制造、汽车和钢铁工业是铝及铝合金的主要消费领域。国外 80% 的再生铝被用于汽车工业。改革开放以来,随着国民经济的快速发展,钢铁工业和汽车工业规模迅速扩张,使铝及铝合金的消费量随之有了较大的增长。2005 年我国汽车和摩托车制造业对铸造铝合金的需求量约为 160 万 t,加上其他行业的需求,我国铸造铝合金的年需求量将达到 230 万 t,其中 200 万 t 可使用再生铝合金代替。据有关部门对国内市场的调研分析,预测到 2010 年,我国汽车和摩托车制造业对铸造铝合金的需求量约为 220 万 t,加上其他行业的需求,我国铸造铝合金的年需求量将达到 300 万 t,其中可使用再生铝合金的量约为 240 万 t,有利于我国再生铝业的技术进步。我国再生铝行业普遍存在生产厂家多、规模小、工艺技术落后、设备水平低、产品档次不高等问题,严重地阻碍着再生铝行业的发展。该项目拟从国外引进先进的铝合金废料破碎分选生产线、双室熔铝炉、侧井反射炉等关键设备,采用先进的废铝再生熔炼、铝液净化工艺,尤其采用铝液纯净化技术和微细化技术,大大提高产品质量。项目实施投产后,实现专业化的生产经营,产品的质量和价格将会有较强的市场竞争力,由此推动我国再生铝生产向规模化、高技术方向发展,加快我国再生铝行业的技术进步,促进地方经济发展。广州地处珠三角经济区,是国内经济较发达地区之一。汽车、摩托车、家电产业已成为广东省的优势产业。据统计,广东省 2004 年汽车产量约 30 万辆,摩托车产量

为 381 万辆，汽车零部件产值达到 163 亿元，家用洗衣机产量
184 万台，电冰箱 850 万台，空调 3242 万台，电视机 4265 万部。
2004 年汽车制造对铝合金产品的需求量达到 15 万 t，摩托车产
业对铝合金的需求量超过 8 万 t，家电业对铝合金材料的需求量
达 5 万 t。预计到 2010 年，广州市的汽车年产量将超过 100 万
辆，摩托车产量将达 675 万辆（年递增 10%），汽车零部件产业
产值将达到 1000 亿元，对铝合金的年需求量超过 40 万 t。上述
行业的快速发展，为铝及再生铝合金的使用提供了广阔的市场，
也促进广州有色金属集团有限公司的自身发展。我国加入 WTO
后，为适应国际大市场激烈竞争的需要，使企业保持可持续发
展，广州有色金属集团有限公司及时调整战略，优化调整产业结
构与产品结构，走内涵扩大再生产之路。在市场调查、分析和预
测的基础上，根据公司发展的长远规划，提出了在搞好铝材加工
的同时，再向再生铝方向延伸，形成再生铝合金锭、铝加工产业
链。把公司的铝产业做优、做强、做大。项目的实施，将充分发
挥广州有色金属集团有限公司的优势，进一步提高公司的经济效
益，增强抵御市场风险的能力，为公司的可持续发展创造有利条
件。广州有色金属集团公司是国内大型的企业，在华南有色金属
行业有特殊的地位和品牌效应。经过近四十年的发展，建立起了
现代化的企业管理模式，培养出一批高素质的技术人员、企业管
理人员和经验丰富的生产技术工人，形成比较完善的产品销售网
络，为企业的可持续发展奠定了坚实的基础。

4.4　项目概况

4.4.1　选址原则

选址必须符合工业布局和城市规划的要求；选址宜靠近原
料、燃料基地或产品主要销售地，并应有方便、经济的交通运输
条件；选址应具有满足生产、生活及发展规划所必需的水源和电
源；选址应具有满足建设工程需要的工程地质条件和水文地质条

件；选址应有利于同邻近工业企业和依托城镇在生产、交通运输、动力公用、修理、综合利用和生活设施等方面的协作；选址应位于不受洪水、潮水或内涝威胁的地带，当不可避免时，必须具有可靠的防洪、排涝措施；在地震断层区、有泥石流等直接危害的地段、爆破危险范围内、历史文物古迹保护区等地方，不得建厂。

4.4.1.1 可供的选址

该项目的选址方案经历了多年的选择、踏勘和论证，依据项目生产对选址用地的原则要求，最终确定增城市新塘镇宁西工业园区厂址方案。厂址位于广州增城市新塘镇宁西工业园南区内，占地为 152888m²。厂址地处朱村、中新、仙村、沙铺中心位置，距新塘中心城区 12km，距新塘港口 16km。

4.4.1.2 厂址的自然地理概况

厂址的自然地理概况主要考虑以下几项：

（1）区域位置。该项目位于广东省增城市新塘镇境内，其西面紧邻沙宁公路，东面有建设中的宁西汽车零配件项目，项目周围大部分为待建空地；

（2）地形地貌。该场地原为山丘坡地，现开发区已经进行了初步平整，地形较为平坦，略呈北高南低之势。场地内没有需要拆迁的建构筑物；

（3）工程地质。该项目场地尚未进行地质勘探。根据现场出露地层可以看到大部分为粉质沙土，个别地方有风化砂岩露头；

（4）地震基本烈度。本地区地震设防烈度 6 度，设计基本地震加速度值为 0.05g，设计地震分组为第一组；

（5）气象条件。本地区属于亚热带大陆性季风气候，具有冬季雨雪少，春季潮湿，夏季炎热雨集中，秋季晴和日照长的特点。有关气象资料如下：年平均气温 21.6℃，极端最高气温 38.7℃，极端最低气温 0.0℃，年平均降水量 1702.5mm，历年最大降水量 2518.0mm，年最多风向为 N，年平均风速 2.3m/s；

（6）交通运输情况。广九铁路穿越增城市境内大部分地区，长途货运通过铁路运向全国。增城市公路四通八达，主要公路有广惠高速、324 国道、119 省道和 256 省道等。水路运输也比较方便，设有新塘口岸码头；

（7）土地使用情况。该项目场地呈梯形，东西宽约 317m，南北长约 480m，占地面积 152888m²。

（8）生活及协作条件。该项目所需的水、电等，都由宁西工业园区负责供给。机械设备维修所需的机械备件，委托广州市有协作能力的机械制造厂承担。生活福利设施由广州有色金属集团公司统一安排。

4.4.2　设计规模及产品方案

4.4.2.1　设计规模

该项目设计规模为年产再生有色铝合金铸锭 15 万 t，其中再生铸造铝合金锭 12 万 t、挤压用再生铝合金圆锭 3 万 t。由于资金筹措一步到位尚有困难，拟定该项目分两期实施完成。一期建成后形成年产 6 万 t 的生产能力，两期全部建成后，达到年产 15 万 t 的设计规模。

4.4.2.2　产品方案

产品方案见表 4-1。

表 4-1　产品方案

序号	产品名称	合金牌号及产品状态	年产量/万 t			技术标准	备注
			一期	二期	合计		
1	再生铸造铝合金锭	ADC10 铸态	0.5	2	2.5	JIS H5302—90	
2		ADC12 铸态	2	2	4	JIS H5302—90	
3		ADC14 铸态	0.2	0.3	0.5	JIS H5302—90	
4		A380.1 铸态	0.3	0.7	1	QQ A—371F	
5		HS1-S 铸态	2	2	4	厂　标	
6	挤压用铝合金圆锭	6063 均匀化	1		1	YS67—1993	
7		6061 均匀化		2	2	YS67—1993	
	合　计		6	9	15		

注：资料来源于广州有色金属集团公司 15 万 t 铝合金再生项目数据的收集。

4.4.2.3 项目组成

该项目由预处理车间（原料堆场、水洗烘干工段、分拣工段）、铝合金锭车间（一工段、二工段）、机修车间、试验室、10kV配电站、水泵站、空压站、成品库、综合仓库、柴油库、综合办公楼、倒班宿舍、食堂、浴室、总图运输及道路等子项组成。

4.4.3 主要生产工艺、主要设备

该项目采用当今世界先进、成熟的废铝再生工艺技术，选择所生产产品质量高，市场竞争力强的生产工艺流程。

4.4.3.1 预处理车间

预处理车间的主要任务是为铝合金锭车间准备符合冶金要求的废铝原料。本车间由原料堆场（面积为 $13728m^2$）、水洗烘干工段、分拣工段组成。根据废铝原料来源复杂、形状差异大，夹杂塑料、泥土、木屑等杂物的特点，拟选择如下工艺方案：小块铸造铝合金废料处理拟采用"筛分—水洗—分级—烘干—磁选—涡选"工艺；大块铸造铝合金废料处理拟采用"破碎—筛分—磁选—涡选"工艺。预处理车间的主要工艺设备：筛分机1套、水洗系统1套、破碎分选生产线1条、强风烘干机组1套。由于破碎分选生产线目前在国内还没有制造厂家，为确保生产的可靠性，该设备拟从国外引进。预处理车间拟在一期建设实施。从铝合金废料中分拣出的锌、铜等废料每年约 0.5128 万 t，除生产自用外，剩余部分外卖处理。

4.4.3.2 铝合金锭车间

铝合金锭车间的任务是将经过预处理后的铝合金废料进行熔炼、成分调整、在线铝液处理等工序，铸造成铝合金锭、挤压圆锭等产品。铝合金锭车间由一工段和二工段组成。

（1）铝合金锭一工段。根据确定的生产规模和产品方案，本工段生产的主要产品是铸造铝合金锭和挤压用铝合金圆锭。铸造铝合金锭生产采用工艺流程：熔炼—转注—调整成分、精

炼、静置和调温—在线过滤—铸锭。挤压用铝合金圆锭生产采用工艺流程：熔炼—转注—保温炉精炼、静置、调温与炉外在线除气、过滤和晶粒细化—铸造—均匀化处理—锯切。铝合金锭一工段拟选择的主要工艺设备：双室熔铝炉 1 台，单室熔铝炉 1 台，倾动式保温炉 1 台，固定式保温炉 1 台，液压半连续铸造机 1 台，链式铸锭机 1 台，圆锭锯切机 1 台。为保证产品质量和生产可靠性，双室熔铝炉拟从国外引进。本工段拟在一期建设实施。

（2）铝合金锭二工段。本工段生产的主要产品是铸造铝合金锭。生产拟采用熔炼、调整成分—精炼—静置和调温—在线过滤—铸锭生产工艺。本工段选择的主要工艺设备：双室熔铝炉 1 台，侧井炉 1 台，倾动式保温炉 1 台，固定式保温炉 1 台，链式铸锭机 2 台。其中双室熔铝炉、侧井炉拟从国外引进。铝合金锭二工段拟在二期建设实施

4.4.4 辅助生产与公用设施方案

4.4.4.1 机修车间

该车间主要承担全厂生产设备的小修及日常维护。对于大型、复杂机械零件由厂方联系外协解决。根据机械备件制作和修复的工艺要求，拟选用金属切削机床 11 台，主要有普通车床、铣床、牛头刨床、平面磨床、摇臂钻床、锯床等。铆焊拟选用交流焊机 2 台。机修车间跨度为 15m，长 54m，面积为 810m²。

4.4.4.2 试验室

试验室主要承担进厂原材料的成分分析、铝合金锭车间的炉前快速分析；承担挤压圆锭均匀化热处理后的金相检验、成品铸锭的化学成分分析等。试验室由光谱室、化学室和金相室组成。试验室选择的主要设备：台式车床、光电直读光谱仪、双联电炉、电热板、金相显微镜、箱式电阻炉、电热鼓风干燥箱、分光光度计、分析天平等。试验室与综合仓库合建，宽度为 15m，长 36m，面积为 540m²。

4.4.4.3 供电

该项目用电设备安装总容量为4750kW，计算有功功率为2700kW，按功率因数补偿到0.95计算，则视在功率为2935kW，年有功电能消耗量为$900×10^4$kW·h。根据上述负荷计算，拟新建10kV配电站一座，双电源进线。10kV配电系统采用单母线主接线。无功补偿放在0.4kV侧。10kV配电站设在铝合金锭车间一工段偏跨内。

4.4.4.4 给排水

（1）给水。该项目生产日用新水量一期为265.68m^3，两期合计为396.72m^3；生活日用水量一期为18.9m^3，两期合计为27.9m^3；消防用水量：室内为15L/s，室外为20L/s，按同一时间发生火灾一次，火灾延续时间为2h，消防用水量共计35L/s（126m^3/h）。生产、生活、消防水源接自宁西工业园区市政给水管网，其水质、水量、水压满足本设计用水要求。给水系统分为生产与生活给水系统，消火栓给水系统，净循环水系统，浊循环水系统和水洗筛分系统。生产与生活给水系统主要供给车间设备生产用水，循环水系统的补充水，综合办公楼，食堂和车间生活间用水。厂区管网呈枝状布置，干管管径为DN100。消火栓给水系统主要供车间、宿舍、食堂、综合办公楼室内外消火栓用水，由消防泵、水池、高位水箱、室内外管网及室内外灭火栓构成。室外管网呈环状布置，干管管径为DN150，上设室外地上式消火栓，间距不超过120m。室内消防设室内灭火栓和磷酸铵盐干粉灭火器，消防管网呈环状布置，干管管径为DN100。净循环水系统由冷水池、热水池、水处理设施、循环水管网等构成。冷水池有效容积为90m^3；热水池有效容积50m^3。浊循环水系统由冷水池、热水池、水处理设施、循环水管网等构成。冷水池有效容积为400m^3；热水池有效容积为200m^3。

（2）排水。该项目排水系统分为生活污水排水系统、生产废水系统、雨排水系统。生产废水平均日排放量一期为132.96m^3，两期合计为198.48m^3；生活污水平均日排放量一期为 18.9m³，两期合计为 27.9m³。生产废水主要为循环水系统的排污水，经管网汇集后排入宁西工业园区污水管网；生活污水为办公生活设施等的排水，经化粪池处理后排入工业园区市政生活污水管网；厂区内雨水采用暗管排放，各建筑物屋面及厂区路面雨水经雨水管道汇集后接入工业园区市政雨水管网。

4.4.4.5　供气

（1）氮气供应。该项目铝合金锭车间一期氮气平均消耗量为 16.9m³/h，年耗量为 4.6×10^4m³；两期合计氮气平均消耗量为 28.9m³/h，年消耗量为 8.6 万 m³。用气压力 0.2～0.5MPa，纯度：$N_2 \geqslant 99.999\%$（$O_2 + H_2O < 5 \times 10^{-4}\%$）。（2）压缩空气供应。根据生产车间压缩空气用气负荷，一期压缩空气计算负荷 13.5m³/min，年耗量为 123 万；两期合计压缩空气计算负荷 40.1m³/min，年用量 382×10^4m³。用气压力 0.4～0.7MPa，质量等级 3，3，5（GB/T 13277—1991）。压缩空气站与氮气站合并建设，站房在一期一次建成。选择 23m³/min 螺杆式空压机和无热再生干燥过滤装置 3 台，20m³/h 变压吸附制氮和加碳纯化装置 3 台。三是天然气供应。该项目熔炼生产采用天然气为燃料，第一期正常生产年消耗天然气量约为 360 万 m³；第二期正常年生产消耗天然气 540 万 m³。拟在厂区内建天然气库一座，选用 100m³ 卧式钢气罐两个，储存周期为 7 天。

4.4.4.6　外部运输与仓库设施

项目货物年运输总量为 31.592 万 t，其中运入 15.839 万 t，运出 15.753 万 t。厂外货物运输采用汽车运输，运输工具拟外协解决。本设计仅配备厂外零星货物及生活用车辆。仓库设施由成品库和综合仓库组成。成品库面积为 2700m²，综合仓库面积为 1080m²。

4.4.4.7　主要建筑物设计方案

项目生产车间建筑设计要求在满足生产工艺要求的前提下，力求简洁大方，清新明快；立面设计尽量大面积开窗，增加建筑视觉上的通透性；利用色带分割，充分体现现代化工业建筑的特点和活力。

预处理车间水洗烘干工段为双跨轻钢结构厂房，主跨跨度为27m，长度为129m；辅助跨度9m，长度为60m；厂房总面积4023m²。车间内物料转运采用电动桥式起重机和装卸机承担。预处理车间分拣工段为四联跨轻钢结构厂房，跨度分别为27m，长度为159m；厂房总面积17172m²。车间内物料转运采用电动桥式起重机和装卸机承担。

铝合金锭车间一工段厂房由原料跨、熔炼跨、铸造跨和辅助跨组成，原料跨和熔炼跨与两个铸造跨垂直布置。原料跨跨度为36m，长57m；熔炼跨跨宽33m，长57m；两个铸造跨跨度分别为27m、30m，长90m；辅助跨宽9m，长度132m。车间总面积为10251m²。铝合金锭车间二工段厂房由原料跨、熔炼跨、铸造跨和辅助跨组成，原料存放跨和熔炼跨与两个铸造跨垂直布置。原料跨跨度为36m，长60m；熔炼跨跨宽33m，长60m；两个铸造跨跨度分别为30m，长90m；辅助跨宽9m，长度123m。车间总面积为10647m²。铝合金锭车间屋面设采光带，局部设通风屋脊。车间内部运输采用吊车、装卸机和叉车。

4.4.4.8　生活福利及办公设施

项目新建综合办公楼一座，五层框架结构，建筑面积5300m²；生活福利设施有倒班宿舍、食堂、浴室等。

4.4.5　工程建设

项目主要工程建设是厂房建设和工艺设备安装。厂区建筑面积约74144m²，设备安装重量约0.35万t。建设期为2年（一期建完后，紧接着建二期），达产期3年。

4.5　主要建设条件

4.5.1　原料供应状况

项目一期工程投产后，铝合金锭车间每年需要金属量6万t，其中：铸造铝合金废料量 3.5 万 t，变形铝合金废料 1.5 万 t，重熔铝锭 0.6 万 t，重熔镁锭 0.2 万 t，阴极铜 0.2 万 t。项目全部建成投产后，铝合金锭车间年需要金属量 15 万 t，其中：铸造铝合金废料量为 10 万 t，变形铝合金废料 2.5 万 t，重熔铝锭 1.5 万 t，重熔镁锭 0.2 万 t，阴极铜 0.8 万 t。上述原材料中的铝合金废料大部分从国外废铝市场购进，剩余废铝原料、重熔铝锭和中间合金材料由国内市场买入。辅助材料年消耗量为 0.4299 万 t，主要包括精炼剂、覆盖剂、耐火材料、结晶器、石棉板和气类等，从国内市场购进。

4.5.2 水、电、燃料供应

（1）水。该项目生产、生活和消防用水由宁西工业园供水管网供给，其水质、水量、水压能够满足本设计用水要求。

（2）电。该项目用电设备安装总容量为 4750kW，计算有功功率为 2700kW，年有功电能消耗量为 900 万 kW·h。在厂区内拟建 10kV 配电站一座，电源由距厂区 4.5km 的沙铺 110kV 变电站供给。该变电站动力主变压器具有富裕容量，可满足该项目生产的需要。

（3）天然气。该项目正常生产年消耗天然气为 900 万 m^3，全部由国内市场购进。

4.6 投资及经济效益

4.6.1 投资

4.6.1.1 项目投入总资金及其组成

项目总建设投资为 23951 万元（含外汇 759 万美元），总流动资金为 20920 万元，两期合计投入总资金为 44871 万元。其中建设一期投入总资金 23641 万元，建设投资为 15283 万元（含外汇 268 万美元），流动资金为 8358 万元。

4.6.1.2 筹资额、资金来源及偿还方式

项目建设投资一期为 15283 万元，两期合计为 23951 万元，

其中30%向银行申请贷款，70%由企业自筹。项目建成投产后，年需流动资金一期为8358万元，两期合计为20920万元，其中70%向银行申请贷款，30%由企业自筹。经计算，建设投资借款偿还期（含建设期）一期为3.34年，两期合计为3.75年。工程投产后，还款资金由提取盈余公积金和公益金以后的未分配利润、固定资产折旧及摊销费组成。在还款期间，利润不分配，全部用于偿还固定资产投资借款。

4.6.2 企业经济效益和社会效益

该项目建成达产后，每年可向市场提供各种高质量牌号的铝合金锭产品15万t，取得如下经济效益和社会效益。

4.6.2.1 经济效益

（1）年均销售收入。一期为116330万元，两期合计为297486万元；年上交税金一期为2374万元，两期合计为5454万元。

年税后利润。一期为1901万元，两期合计为4851万元。

（2）投资利润率。一期为11.24%，两期合计为15.22%；投资利税率一期为17.97%，两期合计为22.97%。

借款偿还年限（含建设期）。一期为3.34年，两期合计3.75年。

财务内部收益率（税前）。一期为15.86%，两期合计为20.04%。

财务内部收益率（税后）。一期为13.04%，两期合计为16.26%。

投资回收期（含建设期）。一期为8.04年，两期合计为7.99年。

项目财务净现值（税后，$I=8\%$）。一期为7031万元，两期合计为20459万元（税后，$I=8\%$）。

（3）不确定性分析及化解风险措施。盈亏平衡分析中，根据设计产量、产品售价、生产成本等数据测算，项目借款还清年生产盈亏平衡点一期为 68.21%，两期合计为 62.65%，对应的临界产量分别为 4.093 万 t、9.398 万 t。当然，临界产量随着产品售价和成本的变化而变化。敏感性分析选择了建设投资、销售量、原材料价格、产品售价和经营成本五种因素，就其对内部收益率、投资回收期、净现值的影响进行测算。在选定的五种不确定因素中，原材料价格和产品价格、经营成本对经济效果的影响很敏感。根据上述分析结果，该项目的主要风险因素存在于原料供应和产品销售方面，其他方面基本没有风险或风险很小。由于原料供应、产品售价受市场制约，建设单位应与客户签订长期购销合同，保证原材料和产品稳定供应和销售，而经营成本却在很大程度上取决于企业的经营管理水平，企业应全面加强生产管理，降低生产成本，获得预期的效益。

4.6.2.2　社会效益

项目建成投产后，每年可向社会提供 15 万 t 再生铝合金锭产品，满足国内市场部分需求，并且有效地推动我国再生铝合金循环经济产业的发展；该项目利用废铝为原料生产再生铝合金锭，能耗不足原铝生产的 5%，并且对环境的污染小；该项目的建设，可为社会提供 415 个就业机会，在一定程度上减轻当地政府的就业压力，促进社会稳定；同时在项目完全建成投产后，每年可为国家增加税收 5454 万元，促进我国的经济发展。

4.6.3　综合评价

电解铝生产能耗大，生产过程中产生的废气、废渣对环境污染严重；该项目利用废铝为原料，采用先进可靠的工艺技术和生产设备生产再生铝合金锭产品，减少金属烧损，节省能源，有利于环境保护。

该项目采用成熟可靠的工艺技术和具有国际先进水平的熔炼炉设备，项目的实施可带动我国再生铝产业的技术进步，推动有色金属循环经济的快速发展。工程建成后，产品在占领国内市场的同时，还可参与国际竞争，实现出口创汇，促进行业的经济发展。

根据年产15万t再生铝合金的总成本估算及市场预测，项目建成投产后，年均销售收入可达297486万元，年上交税金5454万元，平均税后利润4851万元。税后财务内部收益率达16.26%。各项技术经济指标表明，工程投资具有良好的经济效益。

4.7　综合技术经济指标

项目的综合技术经济指标见表4-2。

表4-2　主要技术经济指标

序　号	指标名称	单　位	指标值	备　注
1	设计年产量	万 t	15	
	其中：铝合金锭	万 t	12	其中：一期6万 t
	挤压铝合金锭	万 t	3	一期9万 t
2	综合成品率	%	92.7	
3	金属总量	万 t	15.306	
4	天然气年耗量	万 m³	900	
5	用电设备安装总容量	kW	5000	
6	年耗电量	万 kW·h	900	
7	用水总量	m³/d	424.62	
8	压缩空气用量	m³/min	40.1	
9	职工人数	人	415	
	其中：生产人员	人	377	
10	厂区占地面积	m²	152888	约230亩
11	厂区建筑面积	m²	74144	
12	年运输量	万 t	31.592	
	其中：运入	万 t/a	15.839	
	运出	万 t/a	15.753	

序　号	指标名称	单　位	指标值	备　注
13	总资金	万元	44871	
	其中：建设投资	万元	23951	含外汇 759 万美元
	流动资金	万元	20920	
14	资金来源：自有资金	万元	22771	
	借入资金	万元	7456	
15	总成本费用	万元/a	290342	生产期内平均
16	销售收入	万元/a	297486	生产期内平均
17	税后利润总额	万元/a	4851	生产期内平均
18	投资回收期	a	7.99	含建设期 2 年
19	投资利润率	%	15.22	
20	投资利税率	%	22.97	
21	盈亏平衡点	%	62.65	生产期内平均

注：资料来源于广州有色金属集团公司 15 万 t 铝合金再生项目数据的收集。

4.8 建设规模及产品方案

4.8.1 建设规模

确定建设规模时主要考虑如下因素：

（1）原料供应。可靠的原材料来源是投资项目得以如期建设和持续经营的保证条件之一，建设规模的确定必须以原料的可靠性来源为前提。广州有色金属集团公司是国内有色行业中较大的企业集团，在国内外拥有很大的知名度，采购、销售等方面有一定优势。由于国内废铝回收政策法规和回收系统还不规范、完善，该项目生产初期所需废铝大部分拟从废铝回收较完善的国家进口，以保证生产所需原材料的数量和质量，少部分在国内采购。目前国内也有很多废铝回收集散地，如山东临沂每月能提供约 1 万 t，浙江永康是华东地区最大的有色金属废料基地，每年购销废旧有色金属约 30 万~40 万 t，广东南海市每年可供 10 万~20 万 t。另外还有河北保定、天津等地也有一定的废铝资源。我国废铝回收市场经过多年的发展，交易渐趋规范。将来可以考虑以国内原料为主，供应能够得到保障。

（2）市场需求。随着我国经济的快速发展和国家对汽车产业的政策支持，以及世界汽车产业向发展中国家的转移，我国的汽车需求量和消费量出现较大的增长。由于汽车轻量化的迫切要求，铝合金已成为汽车工业的首选材料，为铸造铝合金的使用开辟广阔的市场。预计 2010 年我国铝铸件消费量将达到 220 万 t，其中用于汽车和摩托车的铝铸件量约为 170 万 t，加上其他行业对铝铸件的消费，铸造铝合金的年需求量将达到 300 万 t，其中再生铝的需求量约 240 万 t。2005 年我国再生铝的产量约 200 万 t，还存在一定的需求空间。市场需求是项目建设的最基础条件。根据以上的市场情况分析，我们有理由相信，铝铸件市场容量和发展潜力都是巨大的，具备建设再生有色合金生产线的市场条件。由于该项目生产的产品适应性强，市场需求量大，品种规格变化较小，宜采用大、中规模。根据市场情况和资金筹措，该项目的生产规模确定为年产再生铝合金锭 15 万 t，其中铸造铝合金锭 12 万 t，挤压铝合金锭 3 万 t。

4.8.2 产品方案构成

根据市场调查，铝合金的消费结构是：铝铸件约占 70%，变形铝合金约占 20%，其他约 10%。因此，根据目前国内再生有色合金原料的组成情况和再生有色合金的使用情况，该项目可研拟选择的产品方案见表4-3。

表4-3 产品方案

序号	产品名称	合金牌号及产品状态	规格范围/mm	年产量/万 t	技术标准	备注
1	再生铸造铝合金锭	ADC10 铸态	5kg/锭	2.5	JIS H5302—90	
2		ADC12 铸态		4	JIS H5302—90	
3		ADC14 铸态		0.5	JIS H5302—90	
4		A380.1 铸态		1	QQA—371F	
5		HS1—S 铸态		4	厂 标	
6	挤压用铝合金圆锭	6063 均匀化	φ(152～305)×1000	1	YS67—1993	
7		6061 均匀化		2	YS67—1993	
合计				15		

注：资料来源于广州有色金属集团公司15万 t 铝合金再生项目数据的收集。

4.9 建设条件

根据铝合金再生项目建设和生产要求，建设之前应做好充足的准备工作。具体的建设条件详见4.4.1节。

4.10 主要生产设施

根据项目生产能力的要求和铝合金废料市场状况来拟定的产品方案，该项目铝合金废料分为变形铝合金废料和铸造铝合金废料等。变形铝合金废料采用人工分选，分选出的废料转运到铝合金锭车间进行熔炼、铸造；铸造铝合金废料主要是汽车切片、杂铝件（铸铝件）和熟铝杂件（变形铝件）等，通过人工分选或预处理车间进行机械分选后，铝及铝合金废料转运到铝合金锭车间使用，分选出的其他金属外售。该项目所采用的工艺和设备特点如下：

（1）采用破碎、筛分、风选、磁选和涡选等多种预处理工艺相结合的机械分选法，对进场的铝废料进行处理，具有生产效率高、质量稳定、成本低等优点。

（2）根据铝合金废料的复杂性和产品方案，选用双室熔铝炉、侧井反射炉等先进的再生铝熔炼设备进行熔炼生产，生产效率高，金属损耗小。

（3）采用先进的蓄热式燃烧系统，使烟气余热重复利用和有机废气二次燃烧，提高熔铝炉的热效率，实现高效、节能、环保熔炼。

（4）挤压铝合金圆锭生产，对铝熔体的处理采用炉内除气和炉外在线除气精炼相结合的工艺方法，提高熔体质量；圆铸锭铸造生产采用运行稳定、可靠的液压内导式半连续铸造机，能够提高生产效率，降低工人的劳动强度，并可保证圆铸锭产品质量。

（5）该项目选用压渣机把出炉渣中的铝进一步回收，提高金属收得率，选择的铝合金废料自动破碎分选生产线、双室熔铝炉、侧井熔铝炉、压渣机等主要生产设备拟引进，其余生产设备如水洗系统、螺旋式滚筒筛、脱油强风烘干机组、倾动式保温炉、天然气熔铝炉、天然气保温炉、半连续铸造机、锯切机组、链式铸锭机组和检测设备。装机水平达到国际先进水平。

4.10.1　预处理车间

4.10.1.1　预处理任务

预处理主要有两个任务，一是分离出铝合金废料中夹杂的铜、锌、不锈钢等金属和塑料、泥土、木屑等非金属；二是将铝及铝合金废料进行分类处理，满足铝合金锭车间的生产需要。预处理车间年处理铸造铝合金废料量 7.0746 万 t，变形铝合金废料量为 1.9383 万 t。预期铸造铝合金回收率为 92.0%，变形铝合金回收率为 95.0%。经过预处理车间处理后，可得到铸造铝合金回收料 5.9953 万 t，变形铝合金回收料 1.8414 万 t，锌及锌合金回收料 0.3005 万 t，铜及铜合金回收料 0.2123 万 t。其中一期工程年处理铸造铝合金废料 3.0457 万 t，变形铝合金废料 0.9616t，可得到铸造铝合金回收料 2.581 万 t，变形铝合金回收料 0.9136t，锌及锌合金回收料 0.1294 万 t，铜及铜合金回收料 0.0914 万 t。铝合金回收料送往铝合金锭车间进行熔炼、铸造，锌、铜及其合金废料除部分用于生产外，其余外售。预处理车间第一期和第二期的年处理废料量和金属回收量见表4-4。

表4-4　预处理车间两期年处理废料和回收金属量

项　目	废料种类	一期处理量 /万 t·a⁻¹	两期处理量合计 /万 t·a⁻¹
年处理废料	铸造铝合金废料	3.0457	7.0746
	变形铝合金废料	0.9616	1.9383
年回收金属	铸造铝合金废料	0.2581	5.9953
	变形铝合金废料	0.9136	1.8414
	锌及锌合金废料	0.1294	0.3005
	铜及铜合金废料	0.0914	0.2123

注：资源来源于广州有色金属集团公司 15 万 t 铝合金再生项目数据的收集。

4.10.1.2　原材料

该项目使用的原料由汽车切片、生杂铝件和熟杂铝件等，按其形态及处理方法可分为小块铸造铝合金废料和大块铸造铝合金废料。小块铝合金废料主要为汽车切片、生杂铝合金废料等，其中混有铜、铁、锌、塑料、泥土、木屑等夹杂物；大块铝合金废料主要为汽车缸体、缸盖、铝合金铸件、生杂铝件等，其中镶嵌铜、铁、锌等金属，并混有塑料、纸屑等非金属夹杂物。预处理车间两期年处理铸造铝合金废料总量为 7.0746 万 t，其中：小块废料 3.5686 万 t，大块废料 3.506 万 t。一期工程年处理铸造铝合金废料量为 3.0457 万 t，其中：小块废料 1.5363 万 t，大块废料 1.5094 万 t。

4.10.1.3　生产工艺技术现状与发展趋势

铝合金废料预处理是指将铝合金废料加工成能够进行有效的后续冶金加工的过程。目前，我国铝合金废料预处理技术落后，大多采用人工分拣处理的方法，生产效率低，劳动强度大，无法保证质量的稳定。特别是一些小型再生铝企业，对废料很少进行预处理，而是采用简单的方法将废铝直接回炉，这样造成金属损耗大、产品质量差。目前预处理正朝着生产效率高、质量稳定、成本低、污染小的方向发展。

4.10.1.4 生产工艺方案选择

根据原料组成和需求，该项目铸造铝合金废料预处理工艺采用人工分选和机械分选两种方法。人工分选是根据废料的形态和实物标志（零件名称）等，将铝合金废料进行初步分类，该方法在我国的再生铝企业应用比较普遍。但人工分选劳动强度大，生产效率低，分选质量对工人的熟练程度依赖性比较大，在国外再生铝企业已经很少使用；机械分选是通过分选机械将铝合金废料中的铜、铁、锌、镁、塑料、泥土、木屑等夹杂物分选出来。机械分选主要有浮选法、风选法、磁选法、涡选法等。针对不同的铸造铝合金废料采用不同的机械分选方法。机械分选由于生产效率高，分选质量稳定，生产成本低，在发达国家的再生铝企业应用比较广泛。根据该项目的产品方案、原料组成和铝合金锭车间所选择的熔炼设备，铝合金废料的分选拟采用浮选法、风选法、磁选法和涡选法相结合的机械分选法，并辅以人工分选。

4.10.1.5 生产工艺流程

根据原材料的形状特点，在生产工艺上可分为小块铝合金废料的预处理工艺流程和大块铝合金混合料生产工艺流程，预处理工艺流程如图4-1所示。

（1）小块铝合金废料的预处理工艺流程。因小块铝合金废料来源复杂、形状差异大，并混有铜、铁、镁、锌等金属，夹杂有塑料、泥土、木屑等非金属，特选择如下预处理工艺：水洗—筛分—分级—烘干—磁选—涡选。其生产工艺过程简述如下：将小块铝合金废料装入一级筛分筒进行水洗，其中密度较小的夹杂物，如塑料、木屑漂浮在水面上而被去除，泥土则溶解于水中去除，而铝合金废料则通过输送带进入二级筛分筒。在二级筛分筒中将铝废料进行分级，粒度较小的铝废料通过输送带进入料箱，

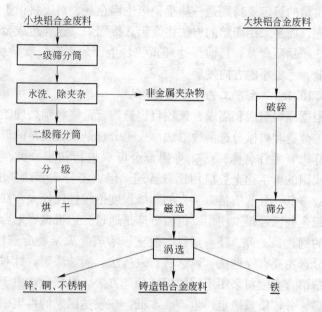

图4-1　铝合金废料预处理工艺流程

粒度较大的铝废料通过输送带进入另一个料箱。经水洗、分级后的铝废料通过强风烘干机组烘干，再经破碎分选生产线除铁后，进入涡电流输送带将其分选为单一的铜、锌和铝合金废料。分选出来的铝合金废料待送铝合金锭车间，铜锌合金废料等外售。

（2）大块铝合金混合料生产工艺流程。大块铝合金废料形状差异大，并镶嵌铜、铁、镁、锌等金属，夹杂有塑料和纸屑等非金属，特选如下预处理工艺：破碎—筛分—磁选—涡选。其生产工艺过程简述如下：将大块铝合金废料用破碎分选生产线进行破碎分选。破碎后的废料进入筛分系统进行分筛。粒度较大的废料返回破碎机进行再次破碎，粒度符合要求的废料经除铁器除铁后进入涡电流输送带。在涡电流输送带上将破碎废料分选为单一的铜、镁、锌和铝合金废料，并将夹杂的塑料等非金属夹杂物除去。分选出来的铝合金废料和锌合金废料待送铝合金锭车间生产使用，铜合金废料等外售。

4.10.1.6　主要设备选择

预处理车间选择的铝合金废料自动破碎分选生产线，用于大块铝合金废料的破碎和分选，以及经水洗处理后的小块铝合金废料的分选。该生产线包括的单体设备有：破碎机、除铁器分选机、涡电流分选机等。

破碎机的主要作用是将大块铝合金废料中镶嵌的铜、铁、锌等金属变成自由体而便于分离。常用的破碎机有颚式破碎机、锤式破碎机和剪切机等。由于颚式破碎机和剪切机所能破碎铝合金废料的外形尺寸较小，而锤式破碎机能破碎铝合金废料的外形尺寸范围较宽，故常选用锤式破碎机用于大块铝合金废料的破碎。涡电流分选机是利用不同金属在交变电场中运动时产生不同的电磁力，铝废料及夹杂物在不同电磁力的作用下，平抛运动的距离不同而将其分开。这种设备投资较大，但其分离效率高（一般除杂率大于99%），分离效果好，使用成本较低。根据该项目的特点，拟选择由锤式破碎机、涡电流分选机和除铁器设备集成的铝合金废料自动破碎分选生产线为最优。由于铝合金废料破碎分选生产线在国内尚属空白，为确保该项目生产的可靠性，铝合金废料破碎分选生产线拟从国外引进。

预处理车间设备年工作日300天，每天3班，每班工作8h；工人年工作日251天。

预处理车间设备详见表4-5。

表4-5　预处理车间设备

序　号	设备名称	单　位	一　期	两期合计	备　注
1	水洗系统	套	1	1	
2	振动筛分机列	台	2	2	
3	脱油强风烘干机组	台	1	1	
4	自动破碎分选生产线	条		1	国外引进
5	电动双梁桥式起重机	台	1	1	

注：资料来源于广州有色金属集团公司15万t铝合金再生项目数据的收集。

4.10.1.7　车间配置

预处理车间配置是根据总图条件、所采用的工艺和选择设备进行配置，并遵循"工艺流程合理，生产操作和设备检修方便、安全"的原则。

预处理车间分别由原料堆场、水洗烘干工段、分拣工段组成。原料堆场宽为88m，长度为156m，面积为13728m²，原料堆场内配置有2台振动筛分机列，1台龙门式起重机；水洗烘干工段跨度为27m，长度为129m。车间辅助跨宽为9m、长度为60m，车间总面积为4023m²，其中主厂房面积为3483m²，辅助面积为540m²；分拣工段为四联跨厂房，跨度均为27m，长度为159m，车间总面积为17172m²，分拣工段内配置有1套自动破碎分选生产线和预留有铸造铝合金废料的存放面积。

预处理车间铸造铝合金废料的运入和运出均采用装卸机，车间内部物料的运输则由电动双梁桥式起重机或装卸机承担。

4.10.1.8　能源

预处理车间能源主要是电、水等。其中，电主要用于设备的动力之用，根据国家要求为380V，三相，50Hz。水为浊循环水，主要用于小块铸造铝合金的水洗除尘。水压0.2～0.3MPa。

4.10.1.9　主要技术经济指标

预处理车间主要技术经济指标见表4-6。

4.10.1.10　问题与建议

预处理车间的设备是针对大小块铝合金废料而选择的，以汽车切片、铝合金铸件、生杂铝件等为主。如果铝合金废料的种类发生变化，则预处理车间所选用的设备需做相应调整。因此，应根据预处理车间设备有针对性地采购铝合金废料，最大程度地发挥设备效能。

表 4-6 预处理车间技术经济指标

序号	指标名称	单位	一期	两期合计	备注
1	年处理铸造铝合金废料量	万 t	3.0457	7.0746	
	年处理变形铝合金废料量	万 t	0.9616	1.9383	
2	预期车间铸造铝合金实收率	%	92.0	92.0	
	预期车间变形铝合金实收率	%	95.0	95.0	
3	年回收金属量	万 t	3.7145	8.3495	
	其中：铸造铝合金废料	万 t	2.581	5.9953	
	变形铝合金废料	万 t	0.9136	1.8414	
	锌及锌合金废料	万 t	0.1294	0.3005	
	铜及铜合金废料	万 t	0.0914	0.2123	
4	车间定员	人	100	140	
5	用电设备安装容量	kW	320	1320	
6	年用水量	万 t		5.3	
7	车间面积	m²	18279		

注：资料来源于广州有色金属集团公司 15 万 t 铝合金再生项目数据的收集。

4.10.2 铝合金锭车间

铝合金锭车间的任务是利用预处理后的铝及铝合金原料进行再生铝合金锭的生产。铝合金锭车间由一工段和二工段组成。

4.10.2.1 原材料

铝合金锭车间设计年产量为 15 万 t，根据原料情况和所选择的生产工艺，车间综合成品率为 95.5%，年投料量为 15.7068 万 t，其中返回废料量为 0.3333 万 t，年需金属量为 15.3735 万 t。年金属用量见表 4-7。

铸造铝合金废料经预处理车间处理后运至本车间熔炼铸造，变形铝合金废料由料场分拣后运至本车间熔炼铸造，重熔用铝锭及中间合金锭等由市场购买，生产需要的阴极铜，应根据再生铝产品牌号的实际情况选用预处理车间回收的铜合金废料。

表 4-7   金属用量

序号	原材料名称	单 位	一 期	两期合计	备 注
1	铸造铝合金废料	万 t/a	4.581	11.9953	金属量
2	变形铝合金废料	万 t/a	0.9136	1.8414	金属量
3	重熔用铝锭	万 t/a	0.4468	0.9627	GB/T1196—2002
4	重熔用镁锭	万 t/a	0.0031	0.0076	GB/T3499—1995
5	阴极铜	万 t/a	0.0327	0.0771	GB/T467—1997
6	锌锭	万 t/a	0.0046	0.0124	GB/T470—1997
7	硅	万 t/a	0.1106	0.2567	
8	中间合金锭	万 t/a	0.0100	0.0608	YS/T 282—2000
	其中：AlSi20	万 t/a	0.0079	0.0197	
	AlCu50	万 t/a		0.0020	
	AlCr2	万 t/a		0.0349	
	Al-Ti-B 线杆	万 t/a	0.0021	0.0042	YS/T282—2000 ϕ9.5mm
	合　计	万 t/a	6.1024	15.214	

注：资料来源于广州有色金属集团公司 15 万 t 铝合金再生项目数据的收集。

4.10.2.2 产品

根据国内外市场的需求及未来几年的需求预测，结合该项目的实际情况，确定本车间的产品方案，如表 4-8 所示。

表 4-8   产品方案表

序号	产品名称	合金牌号及状态	产品规格/mm	年产量/万 t			技术标准
				一期	二期	合计	
1	铸造铝合金锭	ADC10、铸态	5kg/锭	0.5	2	2.5	JIS H5302—90
2		ADC12、铸态		2	2	4	
3		ADC14、铸态		0.2	0.3	0.5	
4		A380.1、铸态		0.3	0.7	1	QQ A—371F
5		HS1—S、铸态		2	2	4	厂　标
6	挤压铝合金圆锭	6063、均匀化	ϕ(152～305)×(1000～6000)	1		1	YS67—1993
7		6061、均匀化			2	2	
	合　计			6	9	15	

注：资料来源于广州有色金属集团公司 15 万 t 铝合金再生项目数据的收集。

4.10.2.3 生产工艺技术

再生铝熔炼工艺可分为：有盐熔炼工艺和无盐熔炼工艺两种，这两种熔炼工艺各有其特点和适用范围。有盐熔炼工艺是将铝合金废料在熔剂的保护下进行熔炼，金属氧化烧损小；熔剂能吸收熔体中的夹杂物，从而提高再生铝的质量；可适用于熔炼各种铝合金废料。但由于在熔炼过程中需要加入较多的熔剂（盐），从而增加了生产成本和炉渣处理成本，而且一旦熔剂的加入量不够，将造成金属烧损的急剧增加。无盐熔炼工艺是通过控制熔铝炉炉膛气氛中氧的含量，使铝合金废料在还原性气氛下进行熔化。这种熔炼工艺所采用的熔铝炉一般由两个加热室组成，一个为直接加热室（熔化室），另一个为间接加热室（废料室）。大块铝合金废料/重熔用铝锭在直接加热室内熔化，含有的有机夹杂物及小块铝合金废料则利用直接加热室排出的烟气在间接加热室内对废料进行预热、裂解，污染物裂解后产生的可燃烟气由循环风机送到熔化室的烧嘴进行燃烧。这种熔炼工艺可大幅度减少熔剂的用量（甚至不用熔剂），金属氧化烧损小，污染小，但设备投资较大。根据铝合金废料的复杂性和产品方案，该项目选用有盐熔炼和无盐熔炼相结合的熔炼工艺。

根据目前国内外再生铝生产工艺技术现状，结合项目的特点，分别采用铸造铝合金锭和挤压铝合金圆锭的生产工艺流程进行铸锭生产。

铸造铝合金锭，通过"熔化→搅拌、扒渣→转注→调成分→精炼、静置和调温→铸造→堆垛、打捆→检查→入库"进行生产。其主要生产工艺过程简述如下：将配好的批料装入熔铝炉中（双室熔铝炉、侧井熔铝炉、单室熔铝炉）进行熔化，炉料全部熔化后经搅拌，扒出液面浮渣，取样分析化学成分，并根据分析结果对铝熔体的化学成分进行调整。成分合格、温度符合工艺要求的铝熔体转入倾动式保温炉或固定式保温炉内精炼、调温和静置；然后铝熔体经过滤，导入链式铸锭机进行铸造。铸锭经在线冷却、检查、堆垛和打捆后，送入成品库。其生产工艺流程见图 4-2。

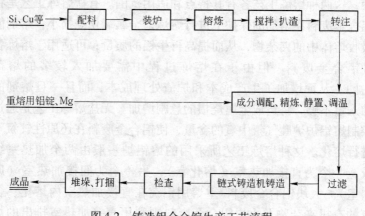

图 4-2　铸造铝合金锭生产工艺流程

挤压铝合金圆锭，通过"配料→熔炼→调整成分→转炉精炼、调温和静置→细化晶粒→精炼除气→过滤→铸造→锯切→检查→入库"进行生产。其主要生产工艺过程简述如下：将配好的批料装入双室熔铝炉中进行熔炼，经扒渣、搅拌，取样分析铝熔体的化学成分，并根据分析结果对铝熔体进行成分调整；成分合格、温度符合工艺要求的铝熔体，转入倾动式保温炉进行精炼、调温和静置，再经过在线细化晶粒、除气和过滤后，导入液压半连续铸造机进行铸造；当铸锭达到要求的长度时，停止铸造。毛锭经圆铸锭锯切机列加工成所需定尺长度，再经均热炉组进行均匀化处理，经检查，质量符合要求的挤压铝合金圆锭送入成品库。其生产工艺流程如图 4-3 所示。

4.10.2.4　设备选择

（1）熔铝炉。再生铝的熔炼与铝锭的重熔是相同的熔化过程，其区别是前者原料成分复杂、形状各异，精炼工艺要求较高。铝合金废料熔炼可用的炉型较多，最常用的有双室熔铝炉、侧井反射炉、单室熔铝炉、竖炉等。

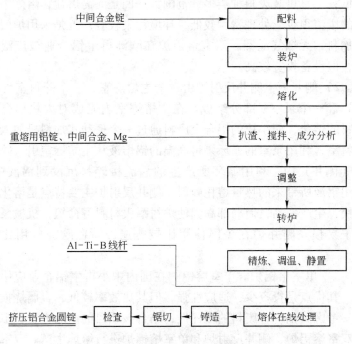

图 4-3 挤压铝合金圆锭生产工艺流程

1）双室熔铝炉。双室熔铝炉炉膛被气冷悬挂隔板分为直接加热室和间接加热室。直接加热室受到烧嘴的直接加热，间接加热室则利用直接加热室所流出的高温烟气加热。此烟气经隔板上的孔流入间接加热室，其烟气量由挡板进行调节，以获得对废料进行预热、裂解和熔化的温度。污染物裂解后的烟气由循环风机打入直接加热室进行燃烧，形成对环境无害的燃烧产物。双室熔铝炉装有旋转蓄热式换热器，助燃空气预热温度可达900℃；两室之间装有电磁循环泵，通过铝液循环，将碎料卷入到铝液中。双室熔铝炉主要特点是：一是由于控制炉内为还原性气氛，且废料不与火焰直接接触，从而大大降低了氧化损耗，金属烧损少；二是采用了先进的蓄热技术和废气燃烧技术，对废脏料燃烧时产生的废气进行二次燃烧，大大降低了燃料用量，热效率较高，能耗低；三是可装废料种类多、范围大；四是无需熔盐，熔炼中产生的废渣很少，处理费用较低，环境污染较轻；五是采用炉门封闭加料，无烟气泄漏。双室熔铝炉在欧洲再生铝企业被广泛采用，但设备投资较高。

2）侧井炉，侧井反射炉由一个主熔炼室、一个碎料室（侧井）和一个泵室三部分组成。在主熔炼室内完成对大块铝合金废料的熔化，而小块的铝合金废料通过一个振动式加料机加入到碎料室，利用泵室的循环泵将高温的铝熔液从主熔炼室引入碎料室（侧井）内，利用循环所产生的涡流将碎料沉没到铝液中，利用铝液所带来的热量熔化碎料。侧井反射炉主要特点是熔化速度快，生产率高，但局部高温使炉衬耐火材料寿命短，机械泵的转子易损。侧井炉在美国使用比较普遍，而在欧洲应用比较少。

3）单室熔铝炉。单室熔铝炉在国内中小再生铝企业应用较多。其优点是投资少，适应性强，但其热效率较低，金属烧损较大。考虑到铝合金废料的多样性，结合该项目的产品方案，拟选择双室熔铝炉、侧井反射炉和单室熔铝炉进行熔炼生产。双室熔铝炉和侧井炉节能效果显著，使用成本较低，但该设备在国内尚无制造厂家。为确保产品质量，该项目拟从国外引进解决。

（2）保温炉。保温炉有电阻炉和火焰炉两种。电阻保温炉容易实现炉膛和熔体温度的准确控制，减少熔体过热，但其加热元件装在炉顶，容易被精炼产生的气体腐蚀及熔体飞溅熔蚀而损坏，加热元件的更换和维护较困难。火焰保温炉克服了电阻炉的缺点，具有升温速度快、效率高等优点。该项目拟选用天然气为燃料的保温炉。

（3）熔体净化设备。由于铝合金熔体内含氢量的高低和非金属夹杂物的多少对最终产品质量有着重要的影响，因此必须对铝合金熔体进行净化处理。铝合金熔体净化常用的装置有喷粉精炼设备。该设备是以氮气或其他惰性气体为载体，将精炼剂喷入铝及铝合金熔体内，除去铝合金熔体中溶解的氢和其他夹杂物。其结构简单，投资小，多用于炉内熔体净化处理，但除气效率和除夹杂率较低。随着对铸锭质量要求的不断提高，单一的喷粉精炼已不能满足要求。于是国内外相继开发出铝合金熔体在线精炼过滤装置，该装置将除渣与除气有机地结合起来，具有较好的脱气、除渣、脱钠效果，而且对环境的污染小，在铝合金熔体的炉外连续处理中得到了广泛的应用。该项目拟选择在线处理装置对铝熔体进行处理，生产铸造铝合金锭和挤压铝合金圆锭。

（4）铝合金铸锭机。铸造铝合金锭的铸造机有水平连续铸锭机组和链式铸锭机。水平连续铸锭机组由前箱、结晶器、牵引机、压紧辊、同步锯、自动堆垛机构、自动打捆机构等组成。它具有如下优点：一是整个铸造过程均是在铝熔体表面氧化膜的保护下进行，铸锭含氢量低，氧化夹杂物含量低；二是铝熔体在水平连铸机组中冷却速度快，所铸造的铸锭组织致密、枝晶细小、偏析小、产品质量高；三是产品的尺寸、平直度和重量均十分稳定，易于堆垛、捆扎。水平连续铸锭机组在铸造开始和铸造结束时需切头和切尾，并且在整个生产过程中，需将铸锭锯切成所要求的长度，因而成品率较链式铸锭机组低，并且设备投资较大，适合于较大规模的连续化生产。链式铸锭机由鼓式分液器、链式传动铸模、水冷槽自动堆垛机构、自动打捆机构等组成。该机组在浇注时铝熔体与空气接触，且铝熔体冷却速度慢，因而铸锭质量与水平连铸机组铸锭质量相比，含氢量和氧化夹杂物高，晶粒粗大。该设备结构简单，投资小，成品率高，在再生铝企业得到广泛应用。该项目拟选用链式铸锭机进行铸造铝合金锭的生产。

（5）半连续铸造机。目前，生产铝合金圆锭的半连续铸造机一般采用钢丝绳半连续铸造机和液压半连续铸造机两种类型。钢丝绳半连续铸造机的主要优点是结构简单、操作方便。其缺点是钢丝绳容易损坏，并且在铸造的过程中，可能由于钢丝绳被拉长而引起铸造机平台歪斜摆动，影响铸锭质量。液压半连续铸造机能使铸锭在较宽的速度范围内平稳地下降，并可任意调整铸造速度，能够方便地实现全自动控制和铸造，因而这种铸造机可以用来生产更高质量的铸锭。该项目挤压铝合金圆锭的生产拟选用液压半连续铸造机进行铸造。

（6）圆锭锯切设备。项目生产的圆锭定尺供应，拟选用1组锯切机组。圆锭锯切机组由储料台、前后输送辊道、锯床、检查台、捆扎等组成。

（7）渣处理设备。铝合金废料在熔炼过程中产生的炉渣较多，为了提高金属的回收率，须对熔炼过程扒出的炉渣进行处理。目前世界上处理炉渣的设备主要有三种：电弧炉、炉渣处理系统和热渣压渣机等。

1）电弧炉采用惰性气体保护处理炉渣，回收率较高，可回收渣中80%～90%的金属，但是其设备投资较大、能耗高，并需配置粉尘回收处理系统。

2）炉渣处理系统将扒出的炉渣快速装入转炉中，加入一定量的工业盐，在炉体的转动下熔盐与炉渣混合均匀，使炉渣中残存的铝液与炉渣分离而存于炉底，当达到一定时间后，倾斜回转炉炉体将铝液倒入铁坩埚中，残余的炉渣倒出后再装入冷灰桶系统，喷水冷却后的炉渣再通过人工分选出铝颗粒。采用该法生产灰尘大，劳动强度大。

3）热渣压渣机。可就地从扒出的热渣中回收铝并将热渣快速冷却。该系统具有以下优点：不污染环境，处理速度快（自动冷却—压制周期仅2～15min），金属回收率高，操作维护成本低。该项目拟选择热渣压渣机对炉渣进行处理。该设备在国内尚无制造厂家，拟引进。

铝合金锭车间设备年工作日300天，每天3班，每班工作8h，设备年时基数7200h。设备利用系数为0.9，实际年时基数为6480h；车间工人年工作日251天，每日工作8h，年工作时间为2008h。

铝合金锭车间设备见表4-9。

表 4-9 铝合金锭车间主要设备

序 号	设备名称	单 位	设备台数			备 注
			一期	二期	合计	
1	50t 双室熔铝炉	台	1	1	2	引 进
2	30t 倾动式保温炉	台	1		1	
3	60t 侧井炉	台		1	1	引 进
4	35t 固定式保温炉	台		2	2	
5	20t 单室熔铝炉	台	1		1	
6	20t 固定式保温炉	台	1		1	
7	在线处理装置	台	1	2	3	
8	在线精炼过滤装置	套	1		1	
9	链式铸锭机	组	2	2	4	
10	30t 半连续铸造机	台	1		1	
11	圆锭锯切机列	台	1		1	
12	压渣机	台	1	1	2	引 进
13	汽车衡	台	1	1	2	
14	地上衡	台	2	1	3	
15	电动双梁桥式起重机	台	1		1	
16	坩埚熔化实验炉	台	1		1	

注：资料来源于广州有色金属集团公司 15 万 t 铝合金再生项目数据的收集。

4.10.2.5 车间配置

铝合金锭车间配置是根据总图条件，结合所选择的工艺和设备进行配置，并遵循"工艺流程合理，生产操作和设备检修方便、安全"的原则。铝合金锭车间由一、二两个工段组成。

铝合金锭车间一工段在一期建设。主厂房由原料跨、熔炼跨和两个铸造跨组成。原料跨、熔炼跨跨度分别为 36m 和 33m，长度为 57m；两个铸造跨跨度分别为 30m 和 27m，长度为 90m；原料跨、熔炼跨与两个铸造跨垂直布置；铸造跨外侧设有宽度为 9m 的辅助跨，长度为 132m。车间总面积为 10251m²，其中主厂房面积为9063m², 辅助面积为1188m²。跨度33m的熔炼跨配置有双室熔铝炉1台, 20t单室熔铝炉1台和压渣机1台等, 并留有原料的存放面积; 跨度30m的铸造跨内配置有30t倾动式保温炉1台、在线精炼过滤装置1台、液压半连续铸造机1台、链式铸锭机1组、圆锭锯切机列1台等, 并留有毛锭和成品锭的存放面积; 跨度27m的铸造跨内配置有20t固定式保温炉1台、在线处理装置1台、链式铸锭机1组等, 并留有成品锭的存放面积。辅助跨内配置有试验室、烟气除尘装置、变压器及配电室及其他公辅设施等。

铝合金锭车间二工段在二期建设。主厂房由原料跨、熔炼跨和两个铸造跨组成。原料跨、熔炼跨跨度分别为36m和33m, 长度为60m; 两个铸造跨跨度均为30m, 长度为90m; 原料跨和熔炼跨与两个铸造跨垂直布置; 铸造跨外侧设有宽9m的辅助跨, 长度为123m。车间总面积为10647m², 其中主厂房面积为9540m², 辅助面积为1107m²。跨度30m的熔炼跨配置有60t侧井炉1台和50t双室炉1台等, 并留有原料的存放面积; 跨度30m的一个铸造跨内配置有35固定式保温炉1台、在线精炼过滤装置1台、链式铸锭机1组等, 并留有毛锭和成品锭的存放面积; 跨度30m的另一个铸造跨内配置有35t固定式保温炉1台、在线处理装置1台、链式铸锭机1组等, 并留有成品锭的存放面积。辅助跨内配置有试验室、烟气除尘装置、配电室及其他公辅设施等。车间内部运输由电动双梁桥式起重机、装卸机、叉车和电动平板车等承担。

4.10.2.6　能源

铝合金锭车间能源主要有天然气、电、水、压缩空气等。天然气用作双室熔铝炉、侧井熔铝炉、单室熔铝炉和保温炉的燃料, 热值不小于40.2MJ/kg, 供气压力为0.7MPa。电主要用于各类传动装置动力和加热器等, 供电参数为380V, 三相, 50Hz。水包括净循环水、浊循环水。净循环水主要用于设备的冷却, 浊循环水主要用于铸锭的冷却, 给水压力0.2～0.3MPa。压缩空气主要用于设备汽缸动力以及设备的吹扫、冷却等, 压缩空气要求除油、除水、除杂质,供气压力为 0.4～0.6MPa。

4.10.2.7 主要生产辅助材料

铝合金锭车间主要生产辅助材料为覆盖剂、精炼剂和氮气等。覆盖剂主要用于熔炼过程铝熔体的保护,减少金属烧损。年用量为 0.3529 万 t,其中一期生产年用量为 0.0126 万 t。覆盖剂要求颗粒均匀,流动性好。精炼剂主要用于熔炼过程熔体的精炼保护,减少熔体中氢气和夹杂物的含量,年用量为 0.0236 万 t,其中一期生产年用量为 0.0105 万 t,要求颗粒均匀,流动性好。氮气用于保温炉熔体精炼和铸造过程中铝熔体在线精炼除气。

4.10.2.8 主要技术经济指标

铝合金锭车间主要技术经济指标详见表4-10。

表4-10 铝合金锭车间技术经济指标

序 号	指标名称	单 位	一 期	两期合计	备 注
1	年产量	万 t	6	9	
	其中:铸造铝合金锭	万 t	3	7	
	挤压铝合金圆锭	万 t	3	2	
2	车间平均成品率				
	铸造铝合金锭	%	96.2	96.2	
	挤压铝合金圆锭	%	93.2	93.2	
3	车间定员	人	68	132	
	其中:生产工人	人	55	105	
4	用电设备安装容量	kW	870	1600	
	其中:电机容量	kW	740	1300	
5	年用水量	万 t	72	162	
	其中:新水	万 t	3.6	8.1	
	最大小时用量	t/h	578	756	
6	氮气最大用量	m^3/min	2.5	2.9	
7	压缩空气用量	m^3/min	10.1	24.6	
8	年天然气用量	m^3	360 万	900 万	
	最大用量	kg/h	940	2190	
9	车间面积	m^2	10251	10647	

注:资料来源于广州有色金属集团公司15万t铝合金再生项目数据的收集。

4.11　辅助生产与公共设施

4.11.1　机修车间

1）任务。机修车间负责全厂所需部分机械备件及生产消耗件的制造；负责全厂机械设备的维护及检修。对于大型、复杂机械零件，由厂方联系外协解决。

2）组成。机修车间由机械加工、钳工和铆焊等组成。

3）主要生产设备的选择。机修车间的主要机床有车床、牛头刨床、铣床、平面磨床、摇臂钻床、锯床等，共 11 台套。铆焊拟选用交流焊机 2 台。

4）劳动定员。机修车间为 1 班工作制，年工作日为 251 天；每天工作 8h。车间劳动定员按岗位确定为 8 人。机修车间厂房跨度为 15m，长 54m，面积为 810m^2。

4.11.2　试验室

试验室是根据项目生产车间提出的产品方案和检验标准进行设计的。

4.11.2.1　任务

承担进厂原材料的成分分析、铝合金锭车间的炉前快速分析；承担挤压用圆锭均匀化热处理后的金相检验、成品铸锭的化学成分分析及低倍检验等。

4.11.2.2　组成

包括光谱室（包括光谱制样室、光谱分析室）；化学室（包括化学分析室、天平比色室）；金相室（包括金相制样室、暗室、显微镜室、低倍室）。试验室（与综合仓库合建）宽度为 15m，长 36m，面积为 540m^2。

4.11.2.3　主要设备和仪器

设备和仪器的选择是根据有色金属有关产品标准规定的检验项目并参照同类工厂的经验而选择的。检测设备除直读光谱仪引进外，其余全部为国产设备和仪器。试验室检验设备的型号、主要技术性能及数量详见表4-11。

表4-11 试验室设备

序 号	设备名称	型号及主要技术性能	单 位	数 量	备 注
1	台式车床	加工试样	台	1	国 产
2	光电直读光谱仪	分 析	台	2	引 进
3	箱式电阻炉	加 热	台	1	国 产
4	电热鼓风干燥箱	风 干	台	1	国 产
5	分光光度计	分 析	台	1	国 产
6	分析天平	分 析	台	1	国 产
7	金相显微镜	分 析	台	1	国 产

注：资料来源于广州有色金属集团公司15万t铝合金再生项目数据的收集。

4.11.2.4 劳动定员

炉前分析室为3班工作制，年工作日为355天；试验室人员年工作日为251天，1班工作制；每人每天工作8h。试验室的劳动定员是按岗位、班次编制的。劳动定员为8人。

4.11.3 电力、自动化仪表及电讯

4.11.3.1 供电

1）电源：该项目选址于增城市新塘镇宁西工业园南区，两路10kV供电电源引自距厂区4.5km处沙铺110kV变电站。该变电站已于2006年9月建成投运。

用电负荷：该项目主要生产车间为预处理车间、铝合金锭车间；辅助生产设施有机修车间、试验室；公用辅助设施有压缩空气站、循环水泵站；生活办公设施有办公楼、倒班宿舍、食堂、浴室。该项目用电设备安装总容量为5000kW，计算有功功率为2700kW，功率因数补偿到0.92，计算视在功率为2935W，年耗电量约为900万kW·h。用电设备主要为二级负荷。

供电方案：该项目拟新建10kV配电站一座，双电源进线。

10kV 配电系统采用单母线主接线。配电站采用放射式向全公司用电设备供电。10kV 配电装置选用带有"五防"功能的手车式开关柜，柜内配用真空开关，采用电缆放射式向车间变压器及辅助设施变压器供电。公司配电电压 10kV，电缆敷设采用直埋。新建 10kV 配电站的控制及保护采用配电站综合自动化系统，通过后台监控机即可对全公司供电运行情况实时监控。10kV 配电站设在铝合金锭车间一工段偏跨内。

4.11.3.2　自动化仪表和电气传动

自动化仪表和生产设备电气传动控制系统与工艺生产设备的装备水平相适应。

4.11.3.3　电讯

项目通讯系统直接使用当地通信网。10kV 配电站选用的主要设备详见表4-12。

表4-12　主要设备

序　号	设备名称	型号及主要技术性能	单　位	数　量	备　注
1	10kV 配电柜	KYN28A—12（Z）	台	6	
2	直流屏	20AH	套	1	
3	综合自动化系统		套	1	

注：资料来源于广州有色金属集团公司15 万 t 铝合金再生项目数据的收集。

4.11.4　给排水

4.11.4.1　给水

指该项目的生产生活用水供应。包括水源、用水量、给水系统。该项目生产、生活及消防用水接自宁西工业园区市政给水管网，其水量、水压、水质满足该项目要求。

用水量包括生活用水、生产用水、水洗筛分系统用水、净循环水、浊循环水等方面。其中，生产水复用率为98.5%。消防水量按室内 15L/s 室外 20L/s，按同一时间内发生一次火灾，扑灭火灾的取水量延续时间为2h 来计算。该项目用水量详见表4-13。

表4-13 项目用水量

序 号	名 称	阶 段	平均时 /m³·h⁻¹	最大时 /m³·h⁻¹	平均日 /m³·d⁻¹
1	生活用水	一 期	0.79	2.37	18.9
		两期合计	1.16	3.48	27.9
2	生产用水	一 期	11.07	11.07	265.68
		两期合计	16.53	16.53	396.72
3	水洗筛分系统	一 期	15	15	360
4	净循环水	一 期	98	98	2352
		两期合计	142	142	3408
5	浊循环水	一 期	640	640	15360
		两期合计	960	960	23040

注：资料来源于广州有色金属集团公司15万t铝合金再生项目数据的收集。

给水系统分为生产、生活和给水系统、消火栓给水系统、净循环水系统、浊循环水系统和水洗筛分系统。

生产和生活给水系统主要供给生产车间设备生产用水、循环水系统的补充水、办公楼、食堂和车间生活间用水。公司管网呈枝状布置，干管管径为DN100。

消火栓给水系统主要供车间、宿舍、食堂、办公楼室内外消火栓用水，由消防泵、水池、高位水箱、室内外管网及室内外消火栓构成。消防加压泵站与循环水泵站合建。站内设消防泵两台，一用一备；消防贮水池一座，水池为半地下混凝土结构，有效容积252m³。

净循环水系统由冷水池、热水池、水处理设施、循环水管网等构成。冷水池有效容积为90m³；热水池有效容积50m³。主要水处理设施有热水泵4台，2用1备1预留；冷水泵4台，2用1备1预留；玻璃钢冷却塔1台；全自动过滤器1台。循环给水管网干管管径为DN150。

浊循环水系统由冷水池、热水池、水处理设施、循环水管网等构成。冷水池有效容积为 400m³；热水池有效容积为 200m³。主要水处理设施如下：热水泵 4 台，2 用 1 备 1 预留；冷水泵 4 台，2 用 1 备 1 预留；玻璃钢冷却塔 3 台；全自动过滤器 1 台；软化水装置 1 台等。循环给水管网干管管径为 DN300。水泵站占地 48m×24m。

水洗筛分系统主要供水洗烘干工段清洗用水。水洗筛分系统由水池、水泵、核桃壳过滤器等组成。水洗筛分系统水池尺寸为 5m×4m×4m，有效容积为 40m³；水泵两台，一用一备；核桃壳过滤器（$Q=15m^3/h$）两台，一用一备。

4.11.4.2　排水

指该项目的生产生活排水。包括排水量、排水系统等方面。

排水量，该项目排水量详见表 4-14。

表 4-14　项目排水量

序　号	名　　称	阶　段	平均时 /m³·h⁻¹	最大时 /m³·h⁻¹	平均日 /m³·d⁻¹
1	生活用水	一　期	0.79	2.37	18.9
		两期合计	1.16	3.48	27.9
2	生产废水	一　期	5.54	5.54	132.96
		两期合计	8.27	8.27	198.48

注：资料来源于广州有色金属集团公司 15 万 t 铝合金再生项目数据的收集。

排水系统分为生活污水排水系统、生产废水系统、雨排水系统。其中，生活污水为办公生活设施等排水，经化粪池处理后排入宁西工业园区市政污水管网。生产废水主要为循环水系统的排污水，经管网汇集后排入工业园区市政污水管网。厂区内雨水采用暗管排放，各建筑物屋面及厂区路面雨水经雨水管道汇集后排入工业园区市政雨水管网。

4.11.5　供气

该项目供气部分包括压缩空气和氮气。

4.11.5.1 压缩空气负荷

该项目一期工程铝合金锭车间及制氮装置用压缩空气计算负荷 $13.5m^3/min$，年用量 123 万 m^3。二期建成后，用压缩空气计算负荷 $40.1m^3/min$，年用量 382 万 m^3。用气压力 0.4～0.7MPa，质量等级 3，3，5（GB/T 13277—1991）。

4.11.5.2 氮气负荷

铝合金锭车间一期工程氮气平均计算负荷 $16.9m^3/h$，年用量 4.6 万 m^3。二期建成后，氮气平均计算负荷 $28.9m^3/h$，年用量 8.6 万 m^3。用气压力 0.2～0.5MPa，纯度：$N_2 \geq 99.999\%$，$(O_2 + H_2O) < 5 \times 10^{-6}$。根据用气设备的负荷量，考虑各设备压缩空气同时使用情况、系统漏损、磨损增耗以及压缩空气干燥自耗气等因素，在厂内集中设置压缩空气、氮气站 1 座，站房按该项目最终规模用气量一次建成。内设 $23m^3/min$ 螺杆式空压机及无热再生干燥过滤装置 3 台，$20m^3/h$ 变压吸附制氮及加碳纯化装置 3 台。螺杆式空压机单台额定排气量 $23m^3/min$，排气压力 0.75MPa；无热再生干燥过滤装置额定处理气量 $24m^3/min$，工作压力 0.4～1.0MPa。一期工程站内安装螺杆式空压机及无热再生干燥过滤装置各 2 台，1 台运行 1 台备用，成品气压力 0.7MPa，压力露点不大于 -20℃，含尘粒径小于 $1\mu m$，含油量小于 $0.01mg/m^3$。二期建成后，站内装设螺杆式空压机及无热再生干燥过滤装置各 3 台，2 台运行 1 台备用。变压吸附制氮装置单台额定产气量 $20m^3/h$，工作压力 0.7MPa，加碳纯化装置额定处理气量 $22m^3/h$。一期工程站内安装变压吸附制氮及加碳纯化装置各 2 台，1 台运行 1 台备用，产品气压力 0.5MPa，纯度：$N_2 \geq 99.9995\%$，常压露点 -65℃。二期建成后，站内装设变压吸附制氮及加碳纯化装置各 3 台，2 台运行 1 台备用。

4.11.5.3 公司热力及气体管网

项目压缩空气及氮气管网均采用无缝钢管直接埋地敷设，埋地管道防腐采用加强防腐层。

4.12 土建及行政生活福利设施

4.12.1 地区基本状况

4.12.1.1 自然条件

项目所选场地原为山丘坡地，地形较为平坦，略呈北高南低之势。场地内现尚未进行地质勘探。据现场出露地层可以看到大部分为粉质沙土，个别地方有风化砂岩露头。场地内地下水位较高，水资源丰富。

4.12.1.2 地区建筑状况

当地工业建筑特点和要求。设计要求各建筑物在满足生产工艺要求的条件下，立面设计尽量大面积开窗，增加建筑视觉上的通透性，利用色带分割，色彩丰富，简洁大方。生产车间厂房为单层轻钢结构，建筑设计力求清新明快，体现现代化工业建筑的特点和活力。

4.12.1.3 施工条件

广东省内有多家建筑公司具备钢结构、钢筋混凝土及预应力钢筋混凝土构件的制作、运输、吊装、安装及桩基施工能力、同时具有施工大型设备基础和地下构筑物的能力。建设单位在施工招标过程中应选择具有相应资质和较强实力的施工单位进行项目建设。

4.12.2 建筑结构形式

4.12.2.1 建筑物承重结构类型

预处理车间水洗烘干工段为单跨轻钢结构厂房，跨度为27m，长度为129m；辅助跨度9m，长度为60m。预处理车间分拣工段为四联跨轻钢结构厂房，跨度分别为27m，长度为159m。铝合金锭车间一工段厂房由原料存放跨、熔炼跨、铸造跨和辅助跨组成，原料跨和熔炼跨与二个铸造跨垂直布置。原料跨跨度36m，长57m；熔炼跨跨宽33m，长57m；二个铸造跨跨度分别为27m、30m，长90m；辅助跨度9m，长度132m。车间总面积为10251m²。铝合金锭车间二工段厂房由原料存放跨、熔炼跨、铸造跨和辅助跨，原料存放跨和熔炼跨与二个铸造跨垂直布置。原料存放跨跨度36m，长60m；熔炼跨跨宽33m，长60m；二个铸造跨跨度分别为30m，长90m；辅助跨度9m，长度为123m。车间总面积为10647m²。

4.12.2.2 围护结构和窗的建筑材料

围护结构为生产厂房的内、外墙▽1.2m以下为240mm厚承重多孔砖，▽1.2m以上为100mm厚双层彩色压型钢板（含60mm厚玻璃丝棉）。根据工业采光、卫生标准及生产性质的要求，沿车间长度方向围护墙上开高低两排窗，屋面上设采光板和通风屋脊。门、窗采用平开钢木大门、木门、全玻地弹门、铝合金窗。该项目主要建构筑物见表4-15。

表4-15 主要建构筑物

序 号	名 称	层数	占地面积 /m²	建构面积 /m²	结构形式
1	预处理车间水洗烘干工段	单层	4023	4023	轻钢结构
2	预处理车间分拣工段	单层	17172	17172	轻钢结构
3	铝合金锭车间一工段	单层	10251	10251	轻钢结构
4	铝合金锭车间二工段	单层	10647	10647	轻钢结构
5	综合办公楼	三层	1060	3300	框架结构

注：资源来源于广州有色金属集团公司15万t铝合金再生项目数据的收集。

4.12.3 行政生活福利设施

行政生活福利设施有综合办公楼、倒班宿舍、食堂、浴室。其中，综合办公楼为五层框架结构，中间走廊，开间3.0m、3.3m、3.6m，进深6.0m；一层层高3.6m，配置接待室、产品展览室等；二～五层层高3.3m，配置办公室、会议室、资料室等。综合办公楼建筑面积为5300m²。倒班宿舍、食堂、浴室均为砖混结构。

4.13　总图运输及仓储设施

4.13.1　总图运输

4.13.1.1　项目总平面布置的设计依据和指导思想

工程总平面布置所依据的主要设计规范：《工业企业总平面布置设计规范》GB 50187—1993；《建筑设计防火规范》GBJ 16—1987 等。总平面布置紧密结合拟利用场地的现状及当地的自然条件，合理布局，统筹考虑。设计在满足工业生产用地的前提下，考虑了工艺流程顺畅，物料运输方便，管线敷设短捷，以及环境保护，绿化美化，职业卫生及消防安全等方面的用地需要。设计中对多方案进行比较，选用最合理的总平面方案。工艺流程顺畅，相关车间合理布置，组成联合厂房，尽量减少车间通道宽度，节约使用土地。

4.13.1.2　项目总平面布置

项目由预处理车间（包括：原料堆场、水洗烘干工段、分拣工段）、铝合金锭车间（一工段、二工段）、机修车间、试验室、10kV 配电站、水泵站、空压站、成品库、综合仓库、天然气库、综合办公楼、倒班宿舍、食堂、浴室等。

4.13.1.3　项目总平面布置方案

项目占地面积 152888m²。向南、西两侧各设一个出入大门，南侧为人流大门，西侧为货流大门。整个厂区划分为生产区、辅助系统区和厂前区三部分。

（1）生产区。该区的中、北部，设有原材料堆场、水洗烘干工段、分拣工段、铝合金锭一工段间、铝合金锭二工段（二期预留）等生产设施。铝合金锭一工段、铝合金锭二工段两个生产工段合并布置，组成联合厂房；10kV 配电站布置在铝合金锭一工段辅助跨内，靠近负荷中心。按照生产工艺流程，自北向南依次布置，铝合金锭车间（一工段、二工段）等。原材料堆场布置在货运大门的北侧，方便物料运输。原材料经过筛选分级，部分含有油污的原料运入水洗烘干工段处理，其余原料送入分拣工段进行破碎和人工分选处理。经过处理的原材料运入到铝合金锭车间进行熔炼、铸造，生产成品运入成品仓库待售。成品库布置在厂区货运大门的南侧。整个厂区生产流程顺畅，物料运输线路较短。

（2）辅助系统区。辅助系统布置在厂区的西中部，主要布置有机修车间、综合仓库、成品仓库、试验室、循环水泵站、空压站等。该区域靠近生产区，生产管理、管线敷设都比较方便，与周围建筑物的防护间距能够满足建筑防火规范要求。其中综合仓库、试验室和机修车间合并布置，其中综合仓库及试验室部分为2层，底层为试验室，上层为综合仓库。

（3）厂区区。布置在厂区的南面，主要布置有综合办公楼、食堂、浴室和倒班宿舍等。产前区靠近厂区人流大门，方便对外联系。

4.13.2　项目内外运输

4.13.2.1　项目外运输

项目公司外货物年运输量为31.592万t，其中运入15.839万t，运出15.753万t。运输工具选用汽车，配备公司外零星货物运输及生活用车，公司外运输工具不足部分拟委托当地物流部门解决。

4.13.2.2　项目内运输

项目厂区内货物周转运输量为44.003万t/a。公司内货物运输及生活用车辆配备装载机5台，3t侧叉车3台，8t载重侧叉车2台，5t载重汽车2台，8t载重汽车2台，面包车1台，小轿车1台。

4.13.2.3　项目内道路

项目厂区内道路选用城市型水泥混凝土路面结构形式，主要道路路面宽度9m，次要道路宽度7m，道路转弯半径为12m、

9m。各项技术指标符合《厂矿道路设计规范》要求。

4.13.2.4　总图运输主要技术经济指标

总图运输主要技术经济指标详见表4-16。

表4-16　总图运输主要技术经济指标

序　号	名　称	单　位	指标值	备　注
1	公司占地面积	m²	152888	约230亩
2	建、构筑物用地面积	m²	83320	包括预留
3	建筑系数	%	54.49	
4	道路、广场占地面积	m²	21199	
5	绿化面积	m²	42104	
6	绿地率	%	27.54	
7	年厂外货物运输总量	万 t/a	31.592	
	其中：运进	万 t/a	15.839	
	运出	万 t/a	15.753	
8	公司内货物周转量	万 t/a	44.003	

注：资料来源于广州有色金属集团公司15万 t 铝合金再生项目数据的收集。

4.13.3　仓储设施

该项目配置的主要仓储设施有：成品库、综合仓库和天然气库。

仓储设施本着满足生产所需要的物料、物品存放的要求进行设置。仓储设施内应本着节约基建投资费用、减轻工人劳动强度、方便管理的原则，配置必要的设备器械。成品仓库建筑面积2700m²；综合仓库建筑面积1080m²，占用该建筑物的2、3两层；天然气库围墙内面积约600m²，设两个100³储气罐。

4.14　劳动安全卫生

4.14.1　设计采用标准

劳动部颁发第3号文《建设项目（工程）劳动安全卫生监

察规定》（1996.10）；

《工业企业设计卫生标准》（GB Z1—2002）；

《工业场所有害因素职业接触限值》（GB Z2—2002）；

《建筑物防雷设计规范》（GB 50057—1994）2000 年版；

《建筑物防火设计规范》（GBJ 16—1987）2001 年修订版。

4.14.2 主要防范措施

4.14.2.1 周边环境危害因素及防范措施

（1）防雷。广州市年平均雷暴日为 80.83 天。为预防雷击灾害，项目厂房防雷按第三类工业建筑物进行设计，厂房防雷接地，接地电阻小于 1Ω。配电站周围设人工接地装置，所有的电气设备均通过扁钢与接地网相连。

（2）防震。地震基本烈度六度，按规范要求设防。

（3）降雨。为防止内涝，公司区内拟设完善的雨水排水管网，能及时将公司内的雨水排出。

（4）公司道路。公司全部采用城市型道路，水泥混凝土路面。道路设计要利于内部运输和消防。

主干道环绕主要生产车间，主要道路路面宽为 9m，最小转弯半径为 9m，利用生产区道路作为消防通道，可以保证消防车通达各建筑物。

4.14.2.2 劳动安全危害因素及防范措施

（1）电气危害因素及安全措施。电气危害的主要防范措施有：10kV 开关柜选用具有五防功能的 KYN28A—12(Z)型手车式高压开关柜；所有电气设备均通过扁钢与接地网相连，接地电阻按规定设置；各供电、电控系统均有过压、失压、短路、过流、接地等安全保护装置，使故障能迅速排除和防止扩大；车间吊车采用 H 型节能安全型滑触线，操作人员不会触及载流体，从而保证了吊车操作人员的人身安全；在有易燃易爆物的场所，电气线路和照明灯具采用密闭防火防爆型。

（2）防火防爆。对储气罐、输气管道等，采取接地保护措施，以防产生静电火花。

（3）事故防范措施。对可能发生伤人事故的设备，在其易伤人、裸露的旋转部分加装防护罩或设置危险警告标志。车间的工作平台、池槽、升降口以及有跌落危险的地点按规定设护栏或明显标志。

（4）减轻劳动强度。为改善劳动条件，减轻劳动强度，减少事故的发生概率，车间内原料及成品运输为机械化作业，各车间生产工序之间的物料传递和运输基本上为机械化作业。

（5）其他。主厂房内留有运输通道，方便运输，减少碰撞。生产车间、一般站房、地下室等，根据面积大小、长度，设有足够的出入口，便于事故疏散。

4.14.2.3　劳动安全卫生危害因素及防范措施

（1）烟（粉）尘。铝合金锭生产中的天然气熔炼保温炉及侧井炉在熔炼过程中产生含尘烟气，其主要成分为烟尘（主要含 Al_2O_3、$NaCl$、KCl）、HCl 和 SO_2，熔炼时炉门为关闭状态，在搅拌、扒渣时，有少量烟气从炉门逸出，拟在熔炼炉炉门上方设排烟罩，将有害烟气捕集后排入烟气净化系统，捕集效率约90%，逸散到车间内的粉尘量很小。

预计操作岗位有害气体浓度满足《工业场所有害因素职业接触限值》GBZ2—2002 标准的规定。

（2）高温余热。预处理车间的烘干机组、熔铸车间的熔炼炉、保温炉等在生产过程中向车间内散发余热，形成局部高温，设计采用局部机械排风设施消除余热，控制室、职工休息室等处设空调。

（3）噪声。对于空压机、鼓风机等高噪声工段，除设备进行消声减噪处理外，设立隔音值班室。

对于其他噪声设备，拟采取基础减震设施，并视需要对部分工作岗位人员发放耳罩等个人防护用品，以降低噪声对操作人员的影响。

4.14.3　劳动安全卫生定员及投资

4.14.3.1　劳动安全卫生机构的设置及定员

项目拟按有关规定设环保及劳动安全卫生管理机构，负责全厂的劳动安全卫生管理工作，车间设兼职安全员负责车间的安全生产。车间工业卫生监测可委托当地有关部门进行。

4.14.3.2　劳动安全卫生投资

项目用于劳动安全卫生方面的投资 800 万元，主要用于防雷、防尘、通风、噪声防治等。

4.15　消防

4.15.1　设计依据

（1）《中华人民共和国消防条例》；
（2）《建筑设计防火规范》GBJ 16—1987（2001 年版）；
（3）《建筑防雷设计规范》GB 50057—1994（2000 年版）。

4.15.2　火灾危险因素分析

广州市年平均雷暴日为 80.83 天。项目主要燃料为天然气，电气设备也较多，天然气库及各用气点均存在火灾隐患。

4.15.3　防火间距及消防道路

项目建筑物间最小距离均大于 15m，符合《建筑设计防火规范》的有关要求。区域主干道环绕主要生产车间，主要道路路面宽为 9m，转弯半径为 9m 和 12m，利用区内道路作为消防通道，可以保证消防车通达各建筑物。

4.15.4　建筑及结构设计

4.15.4.1　车间及主要建筑物

项目生产车间生产的火灾危险类别为丁类，生产车间耐火等级为二级；空压站、制氮站的火灾危险类别为丁类，耐火等级为二级；天然气库、变压器室、车间配电室、电控室等处火灾危险类别均为丙类，耐火等级为二级。

4.15.4.2 结构选型及建筑物安全出口

主要生产车间为钢筋混凝土结构。主要生产车间及辅助用室安全出口及安全通道均按有关规定进行设置。

4.15.5 消防措施

4.15.5.1 防雷

为防范雷击引起的火灾，对易燃易爆部位将采取防雷措施，厂房防雷按第三类工业建筑物进行设计。

4.15.5.2 电气防火

电气设备设有可靠的工作接地和保护性接地，通过电气设备的屏、柜底槽或专门敷设的接地干线与车间接地网相联。凡存在火灾危险的场所，其电气设备及线路均采用防火防爆型和采取防火防爆措施，并按规范要求选用电气设备。

4.15.5.3 天然气库

天然气库独立设置，气罐区设围墙和导流沟，气库区地面为不起火花地面，其电气设备及照明灯具为防火防爆型。库房内设机械送排风，输气管线接地保护，气库内按规范要求设消防灭火器材，气库与其他建筑物距离满足《建筑设计防火规范》要求。

4.15.5.4 消防给水及消防设施

项目消防给水由市政给水管网提供，公司内设有消防泵站，泵站内设消防泵 2 台，消防贮水池 1 座，可贮存 $252m^3$ 消防用水。本工程消防用水量 35L/s，其中室内 15L/s，室外 20L/s。公司消防给水管道沿主要道路敷设，在区内呈环状布设，并设有室外地上式消火栓，间距不大于 120m。车间及辅助站房内按规范要求设置室内消火栓和建筑灭火器。

4.15.6 消防投资

项目用于消防的投资约 190 万元，主要包括消防水泵、消火栓、灭火器、消防管网、消防贮水池等设备。

4.16 企业组织及定员

4.16.1 组织机构

项目通过合资成立股份制公司或有限责任公司。董事会由股东（合作方）相关成员组成，聘任总经理负责公司日常经营工作。公司实行扁平化管理，提高工作效率及对市场的快速反应能力，保证企业组织以及全体成员之间能够协调一致的配合，以完成企业的生产经营目标。

4.16.2 人力资源配置

4.16.2.1 工作制度

工作制度是在保证正常生产并有利于提高工时和设备利用率的原则下确定的。预处理车间设备年工作日为 300 天，每日 2 班，每班工作 8h。铝合金锭车间设备年工作日为 300 天，每日 3 班，每班工作 8h。为保证工人周工作时间不超过 40h，设计中考虑了替休人员。其他公用及辅助设施将根据生产需要采用相应的工作制度。

4.16.2.2 人员配置

生产人员是根据主要生产车间及公辅设施的规模、工作制度、装机水平等按照正常运行所需要的岗位定员确定。生产人员考虑补缺勤人员，缺勤率按 5% 计算，非生产人员暂按生产人员的 10% 考虑。经计算，该项目第一期劳动定员为 297 人，两期合计为 415 人。劳动定员综合表详见表 4-17 和表 4-18。

表4-17 劳动定员综合表（一期）

序号	项目名称	各班定员			替班人员	合计	备注
		第一班	第二班	第三班			
1	主要生产设施						
1.1	预处理车间	108	2			110	
1.2	铝合金锭车间	20	15	15	16	66	
	小 计	128	17	15	16	176	
2	公用辅助设施						
2.1	机修车间	8				8	
2.2	10kV 配电站	2	2	2	1	7	
2.3	循环水泵站	1	1	1	1	4	
2.4	试验室	6	1	1		8	
2.5	空压站	1	1	1	1	4	
2.6	综合仓库	2	1	1		4	
2.7	成品库	2	1	1		4	
2.8	总图及其他	12	6	6	2	26	
	小 计	34	13	13	5	65	
3	补缺勤	13				13	
	生产人员	175	30	28	21	254	
4	非生产人员	18				18	
	合 计	193	30	28	21	272	

注：资料来源于广州有色金属集团公司 15 万 t 铝合金再生项目数据的收集。

表 4-18　劳动定员综合表（两期合计）

序号	项目名称	各班定员			替班人员	合计	备注
		第一班	第二班	第三班			
1	主要生产设施						
1.1	预处理车间	130	10			140	
1.2	铝合金锭车间	30	28	28	35	121	
	小　计	160	38	28	35	261	
2	公用辅助设施						
2.1	机修车间	8				8	
2.2	10kV 配电站	2	2	2	1	7	
2.3	循环水泵站	1	1	1	1	4	
2.4	试验室	8				8	
2.5	空压站	1	1	1	1	4	
2.6	综合仓库	2	1	1		4	
2.7	成品库	2	1	1		4	
2.8	总图及其他	12	6	6	2	26	
	小　计	36	12	12	5	65	
3	补缺勤	18				18	
	生产人员	214	50	40	40	314	
4	非生产人员	22				22	
	合　计	236	50	40	40	366	

注：资料来源于广州有色金属集团公司 15 万 t 铝合金再生项目数据的收集。

4.16.2.3　劳动生产率

按达产年产量和销售收入分别计算生产人员和全员劳动生产率结果，详见表 4-19。

表 4-19　劳动生产率

内　容	单　位	一　期	两期合计
实物劳动生产率	生产人员/t·(人·a)$^{-1}$	236	436
	全员/t·(人·a)$^{-1}$	220	410
货币劳动生产率	生产人员/万元·(人·a)$^{-1}$	458	865
	全员/万元·(人·a)$^{-1}$	428	813

注：资料来源于广州有色金属集团公司 15 万 t 铝合金再生项目数据的收集。

4.16.3　员工培训

员工主要来自广州有色金属集团公司下属广州铝材厂有限公司，并通过对外招聘进行扩充。

由于广州有色金属集团有限公司下属广州铝材厂有限公司，可以在公司内部通过实习培训生产、维修和管理人员，部分生产维修人员可参加该项目施工现场的施工、设备安装、调试、运转。对于引进的新工艺、新技术、新设备，必要时派相关人员到国内外生产现场和设备供应厂家进行实习考察。同时，在公司内部举办各种类型的培训班，按照生产和业务工作的具体内容，分专业、工种进行培训，并建立详尽的培训计划。

4.17　项目实施计划

4.17.1　建设工期

该项目建设工作量较大，生产车间为普通单层联跨轻钢结构厂房，建筑材料供应能够保证，施工周期相对较短（6个月）；部分主要生产设备由国外引进，其余设备由国内配套。国内设备制造周期短，而国外设备制造周期、运输时间都相对较长（6~9个月）。资金筹措方面自筹资金正在落实，银行贷款正在协商中。根据上述已经具备的建设条件，经多方案比较，确定该项目建设周期自可行性研究报告批复之日起为2年。

4.17.2　工程建设设施进度

为使全部建设工作能在计划时间内完成，使资金筹措适应建设进度的需要，参考国外同类型建设项目的实施计划，编制该项目建设实施计划总进度表，详见表4-20。

工程实施计划从可行性研究报告批复起，经初步设计、商务谈判、设备订货、施工图设计，厂房施工，设备安装调试，到建成试生产，要使各个环节满足进度要求，需要各参加单位密切配合，统筹安排，保证项目建设的顺利进行。

表 4-20 工程建设项目实施计划总进度

序号	项目名称	第一年度					第二年度												第三年度						
	计划进度	8	9	10	11	12	1	2	3	4	5	6	7	8	9	10	11	12	1	2	3	4	5	6	7
1	可行性研究报告批复																								
2	国内外考察、签合同																								
3	提供初步设计资料																								
4	初步设计与审批																								
5	施工图设计																								
6	施工准备及土建施工																								
7	设备制造及交货																								
8	设备安装及调试																								
9	设备有负荷试车																								
10	人员培训及技术准备																								
11	试生产																								

注：资料来源于广州有色金属集团公司 15 万 t 铝合金再生项目数据的收集。

4.18　投资计划与资金筹措

4.18.1　建设投资估算

4.18.1.1　估算依据

设备费用按目前最新报价计算，引进设备免征关税和增值税（国家鼓励项目，建设投资估算中不包括引进设备的关税和增值税）。进口设备的运杂费用按 2% 计算，国内设备的运杂费用按设备原价的 6% 计算。建筑和安装工程费用参照类似工程造价计算。其他费用和预备费用参照国家有关规定编制，人民币预备费按 10% 计算，外汇预备费按 5% 计算。建设期利息按资金使用计划及贷款利率计算。外汇汇率按 1 美元兑 7.0 元人民币计算。

4.18.1.2　投资估算的范围及内容

该项目分两期建设，主要生产设备有水洗筛分系统、自动破碎分选生产线、强风烘干机组、双室熔铝炉、侧井炉、火焰熔化/保温炉、半连续铸造机、链式铸锭机等。除自动破碎分选生产线、50t 双室熔铝炉、60t 侧井炉等设备引进外，其他设备均国内认购。

该项目建设投资估算范围及内容包括：

（1）生产设施：预处理车间、铝合金锭车间；

（2）辅助与公用设施：10kV 配电站、循环水泵站、机修车间、试验室、空压站、原料存放库、综合仓库等；

（3）行政福利设施：综合办公楼；

（4）生活福利设施：食堂、倒班宿舍及浴室；

（5）其他：公司区域综合管网、道路、广场、围墙、大门等；

工程费用包括以上项目的建筑费、设备购置费、安装费等工程费用，其他基本建设费用，工程预备费和建设期利息。

经估算，该项目建设投资一期为 15283 万元，二期为 23951 万元。

建设投资估算详见表 4-21 和表 4-22。

表4-21 建设投资估算表（一期）

序号	工程及费用名称	估算值									备注
		建筑工程/万元	设备		安装工程/万元	其他费用		合计			
			人民币/万元	其中:外汇/美元		人民币/万元	其中:外汇/美元	人民币/万元	其中:外汇/美元		
1	主要生产设施	2335	4614	255	298			7247	255		
	预处理车间	483	300		18			801			
	铝合金锭车间	1852	4314	255	280			6447	255		
	公用辅助设施	2374	911		100			3385			
	10kV配电站	10	80		8			97			
	循环水泵站	78	159		32			269			
	机修车间	65	127		13			205			
	试验室		85		8			93			
	空压站	30	196		30			257			
2	办公楼	580						580			
	宿舍、食堂及浴室	668						668			
	原料存放场	120	85		8			213			
	综合仓库	80						80			
	成品库	216						216			
	天然气（征地）	120						120			
	总图运输	107	180					287			
	厂区综合管网	300						300			
	工器具购置		107					107			
3	1～3 小计	4709	5632	255	398			10739	255		
4	其他建设费用					3123		3123			
5	基本预备费					1285	13	1285	13		
	1～5 小计	4709	5632	255	398	4407	13	15147	268		
6	建设期贷款利息					136		136	268		
	合 计	4709	5632	255	398	4544	13	15283	268		

注：资料来源于广州有色金属集团公司15万t铝合金再生项目数据的收集。

表4-22 建设投资估算表（两期合计）

序号	工程及费用名称	估算价值								备注
		建筑工程/万元	设备 人民币/万元	设备 其中：外汇/美元	安装工程/万元	其他费用 人民币/万元	其他费用 其中：外汇/美元	合计 人民币/万元	合计 其中：外汇/美元	
1	主要生产设施	3709	10027	723	594			14330	723	
	预处理车间	483	1242	106	48			1772	106	
	铝合金铸车间	3226	8786	617	547			12558	617	
	公用金辅助设施	2374	1002		114			3489		
	10kV配电站	10	80		8			97		
	循环水泵站	78	170		34			282		
	机修车间	65	127		13			205		
2	试验室		85		8			93		
	空压站	30	276		43			349		
	办公楼	580						580		
	宿舍、食堂及浴室	668						668		
	原料存放场	120	85		8			213		
	综合仓库	80						80		
	成品库	216						216		
	天然气（征地）	120						120		
	总图运输	107	180					287		
	厂区综合管网	300						300		
	工器具购置		217					217		
3	1～3小计	6082	11246	723	708			18036	723	
4	其他建设费用					3467		3467		
5	基本预备费					1880	36	1880	36	
	1～5小计	6082	11246	723	708	5528	36	23564	759	
6	建设期贷款利息					387		387		
	合计	6082	11246	723	708	5915	36	23951	759	

注：资料来源于广州有色金属集团公司15万t铝合金再生项目数据的收集。

4.18.2 流动资金估算

项目正常生产年份所需流动资金主要包括原材料、辅助材料、在产品、产成品占用资金以及应收账款、现金、应付账款等。根据项目原辅材料来源、预计产品生产周期以及产品销售方向等因素估算，正常达产年需流动资金一期为 8358 万元，二期为 20920 万元。

流动资金分项估算详见表 4-23 和表 4-24。

表 4-23 流动资金估算表（一期） （万元）

序号	项目名称	周转天数	周转次数	建设期第 01 年	投产期第 02 年	投产期第 03 年	投产期第 04 年
1	流动资产				16511	21823	27134
1.1	应收账款	60	6		11849	15679	19509
1.2	存货				4403	5847	7291
1.2.1	原材料	10	36		1847	2463	3079
1.2.2	其他材料	30	12		8	10	13
1.2.3	燃料	7	51		17	23	28
1.2.4	在产品	3	120		577	765	953
1.2.5	产成品	10	36		1955	2586	3218
1.3	现金	30	12		259	297	334
2	流动负债				11265	15020	18775
2.1	应付账款	60	6		11265	15020	18775
3	流动资金				5246	6802	8358
4	流动资金本年增加				5246	1556	1556
4.1	企业自筹				1574	467	467
4.2	银行贷款				3672	1089	1089

注：资料来源于广州有色金属集团公司 15 万 t 铝合金再生项目数据的收集。

表 4-24　流动资金估算表（二期）　　（万元）

序号	项目名称	周转天数	周转次数	建设期		投产期		
				第 01 年	第 02 年	第 03 年	第 04 年	第 05 年
1	流动资产					42117	55884	69650
1.1	应收账款	60	6			30358	40306	50254
1.2	存　货					11254	14971	18688
1.2.1	原材料	10	36			4800	6400	8000
1.2.2	其他材料	30	12			18	25	31
1.2.3	燃　料	7	51			41	55	69
1.2.4	在产品	3	129			1387	1843	2300
1.2.5	产成品	10	36			5008	6648	8289
1.3	现　金	30	12			506	607	708
2	流动负债					29238	38985	48731
2.1	应付账款	60	6			29238	38985	48731
3	流动资金					12879	16899	20920
4	流动资金本年增加					12879	4020	4020
4.1	企业自筹					3864	1206	1206
4.2	银行贷款					9015	2814	2814

注：资料来源于广州有色金属集团公司 15 万 t 铝合金再生项目数据的收集。

4.18.3　资金来源

项目投入总资金包括建设投资和流动资金。经计算该项目需投入总资金一期为 23641 万元，二期为 44871 万元。

4.18.3.1　建设投资来源

项目一期与二期建设投资的 30% 向银行申请贷款，贷款年利率按 6.0% 计算，余下 70% 由企业自有资金解决。外汇按 1 美元兑 7.0 元兑换成人民币筹措。

4.18.3.2 流动资金来源

项目达到设计产量后，一期与二期年需流动资金的 30% 为企业自有资金，其余 70% 向银行贷款，贷款年利率按 6.0% 计算。

4.18.3.3 投资使用计划

工程预计建设期一期为 1 年，二期为 2 年，达产期均为 3 年，第 1 年达产 60%，第 2 年达产 80%，第 3 年达到 100% 的设计产量。资金使用计划按工程建设进度和生产需要确定。

资金筹措和投资使用计划详见表 4-25 和表 4-26。

表 4-25　投资使用计划与资金筹措表（一期）　　（万元）

序号	项目名称	投资使用			建设期		投产期		
		合计	固定资产	流动资金	第 01 年	第 02 年	第 03 年	第 04 年	第 05 年
1	自有资金	13110	10603	2508	10603	1574	467	467	
1.1	建设投资	10603	10603		10603				
1.2	流动资金	2508		2508		1574	467	467	
2	其他资金								
3	借款资金	10531	4680	5851	4680	3672	1089	1089	
3.1	建设投资借款（本金）	4544	4544		4544				
3.2	流动资金借款	5851		5851		3672	1089	1089	
3.3	建设期利息	136	136		136				
4	项目总投资	17790	15283	2508	15283	1574	467	467	
5	项目总资金	23641	15283	8358	15283	5246	1556	1556	

注：资料来源于广州有色金属集团公司 15 万 t 铝合金再生项目数据的收集。

表 4-26　投资使用计划与资金筹措表（两期合计）　（万元）

序号	项目名称	投资使用			建设期		投产期		
		合计	固定资产	流动资金	第 01 年	第 02 年	第 03 年	第 04 年	第 05 年
1	自有资金	22771	16495	6276	6598	9897	3864	1206	1206
1.1	建设投资	16495	16495		6598	9897			
1.2	流动资金	6276		6276			3864	1206	1206
2	其他资金								
3	借款资金	22100	7456	14644	2913	4544	9015	2814	2814
3.1	建设投资借款（本金）	7069	7069		2828	4242			
3.2	流动资金借款	14644		14644			9015	2814	2814
3.3	建设期利息	387	387		85	302			
4	项目总投资	30227	23951	6276	9511	14441	3864	1206	1206
5	项目总资金	44871	23951	20920	9510	14441	12879	4020	4020

注：资料来源于广州有色金属集团公司 15 万 t 铝合金再生项目数据的收集。

4.19　成本与费用研判

4.19.1　计算原则

在计算中外购材料价格均为不含税价，各种外购材料的价格均按到厂价计算。

4.19.2　计算条件

4.19.2.1　原材料

本工程生产所需的原材料主要有废铝、重熔铝锭。其中废铝、重熔铝锭价格分别按 14957 元/t（含税价格 17500 元/t）、17094 元/t（含税价格 20000 元/t）。

4.19.2.2　燃料与动力

燃料为天然气，动力主要为电。其价格为：电 0.6026 元/kW·h；水 1.635 元/t；天然气 4.6 元/m³。

4.19.2.3　工资及福利

项目总的劳动定员一期与二期分别为 297 人、415 人，包括分拣工 120 人，除其分拣工按每人每年 18000 元外，生产管理人员工资及福利按每人每年 36000 元估算。

4.19.2.4　折旧、修理费及摊销费

项目折旧费和修理费的计算原则如下：按工艺设计消耗定额估算。固定资产折旧采用直线法平均计算，项目的计算期按 15 年考虑，经济寿命期末的固定资产净残值率取 5%，其中厂房等建构筑物按 20 年计提折旧，机器设备等按 10 年计提折旧；摊销费主要为土地使用费与生产准备费，在项目投产后土地使用费按 10 年摊销，生产准备费按 5 年摊销；修理费按固定资产原值的 3% 计取。

4.19.2.5　管理费用

管理费用是指企业行政管理部门为管理和组织经营活动所发生的各项费用，包括公司经费、工会经费、教育经费、保险费、摊销费等。工会经费、教育经费、保险费等按有关规定计取，其他管理费用参照企业目前管理费用水平计取。

4.19.2.6　财务费用

项目财务费用主要为生产期间未偿还的建设投资借款利息和流动资金贷款利息支出。

4.19.2.7　销售费用

年销售费用按年销售收入的 1.0% 考虑。

4.19.3　测算结果

经计算，项目生产期年平均总成本一期与二期分别为 113528 万元、290342 万元。

成本与费用估算详见表 4-27 和表 4-28。

表 4-27　总成本费用估算表（一期）

（万元）

序号	成本及费用名称	合计	建设期	生产经营期													
			第01年	第02年	第03年	第04年	第05年	第06年	第07年	第08年	第09年	第10年	第11年	第12年	第13年	第14年	第15年
1	主要材料	1485186		66501	88668	110835	110835	110835	110835	110835	110835	110835	110835	110835	110835	110835	110835
2	其他材料	2062		92	123	154	154	154	154	154	154	154	154	154	154	154	154
3	燃料及动力	22302		999	1331	1664	1664	1664	1664	1664	1664	1664	1664	1664	1664	1664	1664
4	工资及福利费	12348		882	882	882	882	882	882	882	882	882	882	882	882	882	882
5	修理费	5407		386	386	386	386	386	386	386	386	386	386	386	386	386	386
6	折旧费	11928		1072	1072	1072	1072	1072	1072	1072	1072	1072	1072	301	301	301	301
7	摊销费	2410		252	252	252	252	252	230	230	230	230	230				
8	财务费用	5270		501	492	415	351	351	351	351	351	351	351	351	351	351	351
8.1	长期借款利息	551		281	206	64											
8.2	流动资金借款利息	4719		220	286	351	351	351	351	351	351	351	351	351	351	351	351
8.3	其他财务费用																
9	其他费用	42474		2232	2681	3130	3130	3130	3130	3130	3130	3130	3130	3130	3130	3130	3130
	制造费	6556		361	421	481	481	481	481	481	481	481	481	481	481	481	481
	管理费用	19632		1142	1288	1434	1434	1434	1434	1434	1434	1434	1434	1434	1434	1434	1434
	销售费用	16286		729	972	1215	1215	1215	1215	1215	1215	1215	1215	1215	1215	1215	1215
10	总成本及费用	1589387		72917	95888	118790	118727	118727	118705	118705	118705	118705	118705	117704	117704	117704	117704
	固定成本	79837		5325	5765	6137	6074	6074	6052	6052	6052	6052	6052	5051	5051	5051	5051
	可变成本	1509550		67592	90122	112653	112653	112653	112653	112653	112653	112653	112653	112653	112653	112653	112653
11	经营成本及费用	1569779		71092	94071	117051	117051	117051	117051	117051	117051	117051	117051	117051	117051	117051	117051

注：资料来源于广州有色金属集团公司15万t铝合金再生项目数据的收集。

表4-28　总成本费用估算表（两期合计）

(万元)

序号	成本及费用名称	合计	建设期				生产经营期										
			第01年	第02年	第03年	第04年	第05年	第06年	第07年	第08年	第09年	第10年	第11年	第12年	第13年	第14年	第15年
1	主要材料	3571294			172805	230406	288008	288008	288008	288008	288008	288008	288008	288008	288008	288008	288008
2	其他材料	4557			221	294	368	368	368	368	368	368	368	368	368	368	368
3	燃料及动力	49717			2406	3208	4009	4009	4009	4009	4009	4009	4009	4009	4009	4009	4009
4	工资及福利费	17129			1318	1318	1318	1318	1318	1318	1318	1318	1318	1318	1318	1318	1318
5	修理费	8384			645	645	645	645	645	645	645	645	645	645	645	645	645
6	折旧费	19638			1846	1846	1846	1846	1846	1846	1846	1846	1846	1846	392	392	392
7	摊销费	2454			261	261	261	261	261	230	230	230	230	230			
8	财务费用	11598			988	945	879	879	879	879	879	879	879	879	879	879	879
8.1	长期借款利息	682			447	235											
8.2	流动资金借款利息	10916			541	710	879	879	879	879	879	879	879	879	879	879	879
8.3	其他财务费用																
9	其他费用	89675			4752	5965	7178	7178	7178	7178	7178	7178	7178	7178	7178	7178	7178
	制造费	16689			904	1119	1333	1333	1333	1333	1333	1333	1333	1333	1333	1333	1333
	管理费	34313			1977	2352	2726	2726	2726	2726	2726	2726	2726	2726	2726	2726	2726
	销售费用	38673			1871	2495	3119	3119	3119	3119	3119	3119	3119	3119	3119	3119	3119
	出口子抵口扣的税款																
	总成本及费用	3774445			185241	244887	304510	304510	304510	304480	304480	304480	304480	304480	302796	302796	302796
10	固定成本	148878			9810	10979	12126	12126	12126	12095	12095	12095	12095	12095	10411	10411	10411
	可变成本	3625568			175431	233908	292384	292384	292384	292384	292384	292384	292384	292384	292384	292384	292384
11	经营成本及费用	3740756			182146	241835	301525	301525	301525	301525	301525	301525	301525	301525	301525	301525	301525

注：资料来源于广州有色金属集团公司15万t铝合金再生项目数据的收集。

4.20   财务分析

4.20.1   损益计算

损益计算主要包括：

（1）产品销售收入。项目的产品销售价格参照目前市场平均价格，其产品销售价格及收入测算详见表4-29。

表 4-29   达产年销售方案及销售价格表（一期）

序 号	产品名称	销售数量/t		销售价格/元·t⁻¹		销售收入/万元	
		合计	内销	内销价	不含税	合计	内销
1	铸造铝合金锭	30000	30000	20500	17521	52564	52564
2	挤压用圆铸锭	50000	50000	50700	43333	68974	68974
	合　计	60000	60000	23700	20256	121538	121538

注：资料来源于广州有色金属集团公司15万t铝合金再生项目数据的收集。

按照销售量等于设计产量计算，项目达产年不含税销售收入一期与二期分别为121538万元、311880万元，详见表4-29和表4-30。

表 4-30   达产年销售方案及销售价格表（两期合计）

序 号	产品名称	销售数量/t		销售价格/元·t⁻¹		销售收入/万元	
		合计	内销	内销价	不含税	合计	内销
1	铸造铝合金锭	120000	120000	40500	23162	272650	272650
2	挤压用圆铸锭	30000	30000	30700	27692	36231	36231
	合　计	150000	150000	24327	20792	311880	311880

注：资料来源于广州有色金属集团公司15万t铝合金再生项目数据的收集。

（2）税金。税金包括增值税、销售税金及附加和所得税。

1）增值税。产品销售和原材料采购增值税率暂按为17%。经计算，项目生产期年平均缴纳增值税一期与二期分别为1446万元、3161万元。计算公式为：

$$增值税 = 销项税 - 进项税$$

2）销售税金及附加。应缴纳的税费有城乡维护建设税、教育费附加。城乡维护建设税为增值税的7%，教育费附加为增值税的3%。经计算，项目生产期内年均缴纳销售税金及附加一期与二期分别为145万元、316万元。

3）所得税。企业所得税按"两免三减半"的优惠税收政策，投产后第五年企业所得税按33%测算。经计算，项目生产期内年均缴纳企业所得税一期与二期分别为757万元、1976万元。

（3）利润及其分配。产品销售收入扣除总成本和税金后得到企业的税后利润。企业从获利年度起在税后利润中提取职工奖励基金和企业发展基金，提取额暂按税后利润的15%计算。经测算，项目生产期内年均税后利润一期与二期分别为1901万元、4851万元。项目损益计算详见表4-31和表4-32。

4.20.2 盈利能力分析

4.20.2.1 内部收益率及净现值

内部收益率（FIRR）指项目计算期内，各年净现金流量现值累计等于零时的折现率。净现值是按设定的基准折现率，将项目计算期内各年的净现金流量折现到建设期初的现值之和。

项目设定的基准折现率为8%。根据现金流量表计算的内部收益率和净现值结果，详见表4-33。

（万元）

表 4-31 损益表（一期）

序号	项目名称	合计	建设期	生产经营期					
			第01年	第02年	第03年	第04年	第05年	第06年	第07年
1	产品销售收入	1628615		72923	97231	121538	121538	121538	121538
2	销售税金及附加	2024		91	121	151	151	151	151
3	产品总成本及费用	1589387		72917	95888	118790	118727	118727	118705
4	利润总额	37205		-85	1222	2597	2661	2661	2683
5	弥补以前年度亏损	85			85				
6	应纳税所得额	37205			1138	2597	2661	2661	2683
7	所得税	10596				428	439	439	885
8	税后利润	26609		-85	1222	2168	2222	2222	1797
9	职工奖励基金	2661			114	217	222	222	180
10	企业发展基金	1330			57	108	111	111	90
11	应付利润	22617				2102	2596	1889	1528
11.1	本年应付利润	21650				1843	1889	1889	1528
11.2	未分配利润转分配	967				259	708		
12	未分配利润	967		-85	1052				
13	累计未分配利润	967		-85	967	708			
14	附：当年还款资金	4680		1240	2376	1065			
	其中：折旧	2957		1072	1072	813			
	摊销	756		252	252	252			
	利润	967		-85	1052	252			

续表 4-31

序号	项目名称	生产经营期							
		第08年	第09年	第10年	第11年	第12年	第13年	第14年	第15年
1	产品销售收入	121538	121538	121538	121538	121538	121538	121538	121538
2	销售税金及附加	151	151	151	151	151	151	151	151
3	产品总成本及费用	118705	118705	118705	118705	117704	117704	117704	117704
4	利润总额	2683	2683	2683	2683	3684	3684	3684	3684
5	弥补以前年度亏损								
6	应纳税所得额	2683	2683	2683	2683	3684	3684	3684	3684
7	所得税	885	885	885	885	1216	1216	1216	1216
8	税后利润	1797	1797	1797	1797	2468	2468	2468	2468
9	职工奖励基金	180	180	180	180	247	247	247	247
10	企业发展基金	90	90	90	90	123	123	123	123
11	应付利润	1528	1528	1528	1528	2098	2098	2098	2098
11.1	本年应付利润	1528	1528	1528	1528	2098	2098	2098	2098
11.2	未分配利润转分配								
12	未分配利润								
13	累计未分配利润								
14	附: 当年还款资金								
	其中: 折旧								
	摊销								
	利润								

注: 资料来源于广州有色金属集团公司15万 t 铝合金再生项目数据的收集。

表 4-32 损益表（两期合计）

（万元）

序号	项目名称	合计	建设期		生产经营期				
			第 01 年	第 02 年	第 03 年	第 04 年	第 05 年	第 06 年	第 07 年
1	产品销售收入	3867316			187128	249504	311880	311880	311880
2	销售税金及附加	4110			199	265	331	331	331
3	产品总成本及费用	3774445			185241	244887	304510	304510	304510
4	利润总额	88761			1689	4352	7038	7038	7038
5	弥补以前年度亏损								
6	应纳税所得额	88761			1689	4352	7038	7038	7038
7	所得税	25693				718	1161	1161	2323
8	税后利润	63068			1689	3634	5877	5877	4716
9	职工奖励基金	6307			169	363	588	588	472
10	企业发展基金	3153			84	182	294	294	236
11	应付利润	53608				1282	7102	6131	4008
11.1	本年应付利润	50365				1282	4996	4996	4008
11.2	未分配利润转分配	3242					2107	1136	
12	未分配利润	3242			1435	1807			
13	累计未分配利润				1435	3242	1136		
14	当年还款资金	7456			3542	3914			
	附：折旧	3692			1846	1846			
	摊销	521			261	261			
	利润	3242			1435	1807			

续表 4-32

序号	项目名称	生产经营期							
		第 08 年	第 09 年	第 10 年	第 11 年	第 12 年	第 13 年	第 14 年	第 15 年
1	产品销售收入	311880	311880	311880	311880	311880	311880	311880	311880
2	销售税金及附加	331	331	331	331	331	331	331	331
3	产品总成本及费用	304480	304480	304480	304480	304480	302796	302796	302796
4	利润总额	7069	7069	7069	7069	7069	8753	8753	8753
5	弥补以前年度亏损								
6	应纳税所得额	7069	7069	7069	7069	7069	8753	8753	8753
7	所得税	2333	2333	2333	2333	2333	2888	2888	2888
8	税后利润	4736	4736	4736	4736	4736	5865	5865	5865
9	职工奖励基金	474	474	474	474	474	586	586	586
10	企业发展基金	237	237	237	237	237	293	293	293
11	应付利润	4026	4026	4026	4026	4026	4985	4985	4985
11.1	本年应付利润转分配	4026	4026	4026	4026	4026	4985	4985	4985
11.2	未分配利润转分配								
12	未分配利润								
13	累计未分配利润								
14	当年还款资金								
	附：折旧								
	其中：摊销								
	利润								

注：资料来源于广州有色金属集团公司 15 万 t 铝合金再生项目数据的收集。

表 4-33　内部收益率和净现值

指标名称	指标值		备　注
	一　期	二　期	
项目财务内部收益率/%	13.04	16.26	税　后
项目资本金内部收益率/%	15.65	21.03	
项目财务净现值/万元	7031	20459	税　后
项目资本金净现值/万元	7509	21460	

注：资料来源于广州有色金属集团公司 15 万 t 铝合金再生项目数据的收集。

　　项目财务现金流量计算详见表 4-34 和表 4-35。

　　项目资本金现金流量计算详见表 4-36 和表 4-37。

4.20.2.2　投资回收期（静态）

　　投资回收期是以项目的净收益抵偿全部投资所需要的时间，即现金流量表中累计净现金流量等于零时的年限。经计算，项目税后财务投资回收期一期与二期分别为 8.04 年、7.99 年，项目资本金投资回收期一期与二期分别为 6.60 年、6.19 年。

　　投资利润率计算公式如下：

$$投资利润率 = \frac{生产期年平均利润总额}{项目投入总资金}$$

　　计算结果，该项目投资利润率一期与二期分别为 11.24%、15.22%。

$$投资利税率 = \frac{生产期年平均利税总额}{项目投入总资金}$$

　　计算结果，项目投资利税率一期与二期分别为 17.97%、22.97%。

表 4-34 项目财务现金流量表（一期）

（万元）

序号	项目名称	合计	建设期 第01年	生产经营期 第02年	第03年	第04年	第05年	第06年	第07年
1	现金流入	1637919		72923	97231	121538	121538	121538	121538
1.1	产品销售收入	1628616		72923	97231	121538	121538	121538	121538
1.2	回收固定资产余值	945							
1.3	回收流动资金	8358							
1.4	其 他								
2	现金流出	1595308	15147	76428	95748	118759	117202	117202	117202
2.1	建设投资（不含建设期利息）	15147	15147						
2.2	流动资金	8358		5246	1556	1556			
2.3	经营成本	1569775		71092	94071	117051	117051	117051	117051
2.4	销售税金及附加	2024		91	121	151	151	151	151
3	净现金流量（税前）		-15147	-3505	1482	2780	4336	4336	4336
4	累计净现金流量（税前）		-15147	-18652	-17170	-14390	-10054	-5718	-1382
5	基准折现系数		0.926	0.857	0.794	0.735	0.681	0.630	0.583
6	净现值（税前）		-14025	-3005	1177	2043	2951	2732	2530
7	累计净现值（税前）		-14025	-17030	-15853	-13810	-10859	-8126	-5596
8	所得税	10596				428	439	439	885
9	净现金流量（税后）		-15147	-3505	1482	2351	3897	3897	3451
10	累计净现金流量（税后）		-15147	-18652	-17170	-14818	-10921	-7024	-3573
11	净现值（税后）		-14025	-3005	1177	1728	2652	2456	2013
12	累计净现值（税后）		-14025	-17030	-15853	-14125	-11473	-9017	-7003

续表 4-34

序号	项目名称	生产经营期							
		第08年	第09年	第10年	第11年	第12年	第13年	第14年	第15年
1	现金流入	121538	121538	121538	121538	121538	121538	121538	130842
1.1	产品销售收入	121538	121538	121538	121538	121538	121538	121538	121538
1.2	回收固定资产余值								945
1.3	回收流动资金								8358
1.4	其他								
2	现金流出	117202	117202	117202	117202	117202	117202	117202	117202
2.1	建设投资（不含建设期利息）								
2.2	流动资金								
2.3	经营成本	117051	117051	117051	117051	117051	117051	117051	117051
2.4	销售税金及附加	151	151	151	151	151	151	151	151
3	净现金流量（税前）	4336	4336	4336	4336	4336	4336	4336	13640
4	累计净现金流量（税前）	2955	7291	11627	15963	20299	24635	28971	42611
5	基准折现系数	0.540	0.500	0.463	0.429	0.397	0.368	0.340	0.315
6	净现值（税前）	2343	2169	2008	1860	1722	1594	1476	4300
7	累计净现值（税前）	-3254	-1085	924	2784	4505	6100	7576	11876
8	所得税	885	885	885	885	1216	1216	1216	1216
9	净现金流量（税后）	3451	3451	3451	3451	3120	3120	3120	12424
10	累计净现金流量（税后）	-123	3328	6779	10230	13350	16471	19591	32015
11	净现值（税后）	1864	1726	1598	1480	1239	1147	1062	3917
12	累计净现值（税后）	-5139	-3413	-1814	-334	905	2052	3115	7031

注：资料来源于广州市有色金属集团公司15万t铝合金再生项目数据的收集。

表 4-35　项目财务现金流量表（两期合计）

（万元）

序号	项目名称	合计	建设期		生产经营期				
			第01年	第02年	第03年	第04年	第05年	第06年	第07年
1	现金流入	3890095			187128	249504	311880	311880	311880
1.1	产品销售收入	3867316			187128	249504	311880	311880	311880
1.2	回收固定资产余值	1859							
1.3	回收流动资金	20920							
1.4	其他								
2	现金流出	3789349	9426	14139	195224	246121	305877	301856	301856
2.1	建设投资（不含建设期利息）	23564	9426	14139					
2.2	流动资金	20920			12879	4020	4020		
2.3	经营成本	3740756			182146	241835	301525	301525	301525
2.4	销售税金及附加	4110			199	265	331	331	331
3	净现金流量（税前）		-9426	-14139	-8095	3384	6004	10024	10024
4	累计净现金流量（税前）		-9426	-23564	-31660	-28276	-22272	-12248	-2225
5	基准折现系数		0.926	0.857	0.794	0.735	0.681	0.630	0.583
6	净现值（税前）		-8727	-12122	-6426	2487	4086	6317	5849
7	累计净现值（税前）		-8727	-20849	-27275	-24788	-20702	-14386	-8537
8	所得税	25693				718	1161	1161	2323
9	净现金流量（税后）		-9426	-14139	-8095	2665	4842	8863	7701
10	累计净现金流量（税后）		-9426	-23564	-31660	-28994	-24152	-15289	-7588
11	净现值（税后）		-8727	-12122	-6426	1959	3296	5585	4494
12	累计净现值（税后）		-8727	-20849	-27275	-25316	-22021	-16436	-11942

续表4-35

序号	项目名称	生产经营期							
		第08年	第09年	第10年	第11年	第12年	第13年	第14年	第15年
1	现金流入	311880	311880	311880	311880	311880	311880	311880	334659
1.1	产品销售收入	311880	311880	311880	311880	311880	311880	311880	311880
1.2	回收固定资产产余值								1859
1.3	回收流动资金								20920
1.4	其 他								
2	现金流出	301856	301856	301856	301856	301856	301856	301856	301856
2.1	建设投资（不含建设期利息）								
2.2	流动资金								
2.3	经营成本	301525	301525	301525	301525	301525	301525	301525	301525
2.4	销售税金及附加	331	331	331	331	331	331	331	331
3	净现金流量（税前）	10024	10024	10024	10024	10024	10024	10024	32803
4	累计净现金流量（税前）	7799	17823	27847	37871	47895	57919	67943	100746
5	基准折现系数	0.540	0.500	0.463	0.429	0.397	0.368	0.340	0.315
6	净现值（税前）	5416	5014	4643	4299	3981	3686	3413	10341
7	累计净现值（税前）	-3121	1893	6536	10835	14816	18502	21915	32255
8	所得税	2333	2333	2333	2333	2333	2888	2888	2888
9	净现金流量（税后）	7691	7691	7691	7691	7691	7135	7135	29914
10	累计净现金流量（税后）	103	7794	15485	23176	30867	38003	45138	75053
11	净现值（税后）	4155	3847	3562	3299	3054	2624	2429	9430
12	累计净现值（税后）	-7787	-3939	-377	2922	5976	8600	11029	20459

注：资料来源于广州有色金属集团公司15万t铝合金再生项目数据的收集。

表 4-36　资本金财务现金流量表 （一期）

（万万元）

序号	项目名称	合计	建设期 第01年	生产经营期 第02年	第03年	第04年	第05年	第06年	第07年
1	现金流入	1637919		72923	97231	121538	121538	121538	121538
1.1	产品销售收入	1628615		72923	97231	121538	121538	121538	121538
1.2	回收固定资产余值	945							
1.3	回收流动资金	8358							
1.4	其他								
2	现金流出	1611310	10603	74497	97527	119578	117993	117993	118439
2.1	自有资金	13110	10603	1574	467	467			
2.1.1	建设投资	10603	10603						
2.1.2	流动资金	2508		1574	467	467			
2.2	经营成本	1569779		71092	94071	117051	117051	117051	117051
2.3	借款本金偿还	10531		1240	2376	1065			
2.4	借款利息偿还	5270		501	492	415	351	351	351
2.5	销售税金及附加	2024		91	121	151	151	151	151
2.6	所得税	10596				428	439	439	885
3	净现金流量		-10603	-1574	-296	1961	3546	3546	3100
4	累计净现金流量		-10603	-12176	-12473	-10512	-6966	-3420	-320
5	基准折现系数		0.926	0.857	0.794	0.735	0.681	0.630	0.583
6	净现值		-9817	-1349	-235	1441	2413	2235	1809
7	累计净现值		-9817	-11167	-11402	-9960	-7547	-5312	-3504

续表4-36

序号	项目名称	生产经营期							
		第08年	第09年	第10年	第11年	第12年	第13年	第14年	第15年
1	现金流入	121538	121538	121538	121538	121538	121538	121538	130842
1.1	产品销售收入	121538	121538	121538	121538	121538	121538	121538	121538
1.2	回收固定资产余值								945
1.3	回收流动资金								8358
1.4	其他								
2	现金流出	118439	118439	118439	118439	118769	118769	118769	124620
2.1	自有资金								
2.1.1	建设投资								
2.1.2	流动资金								
2.2	经营成本	117051	117051	117051	117051	117051	117051	117051	117051
2.3	借款本金偿还	351	351	351	351	351	351	351	5851
2.4	借款利息偿还	351	351	351	351	351	351	351	351
2.5	销售税金及附加	151.	151	151	151	151	151	151	151
2.6	所得税	885	885	885	885	1216	1216	1216	1216
3	净现金流量	3100	3100	3100	3100	2769	2769	2769	6222
4	累计净现金流量	2780	5879	8979	12079	14848	17617	20387	26609
5	基准折现系数	0.540	0.500	0.463	0.429	0.397	0.368	0.340	0.315
6	净现值	1675	1551	1436	1329	1100	1018	943	1961
7	累计净现值	-1829	-279	1157	2487	3586	4605	5548	7509

注：资料来源于广州有色金属集团公司15万t铝合金再生项目数据的收集。

表 4-37 资本金财务现金流量表（两期合计）

（万元）

序号	项目名称	合计	建设期		生产经营期				
			第01年	第02年	第03年	第04年	第05年	第06年	第07年
1	现金流入	3890095			187128	249504	311880	311880	311880
1.1	产品销售收入	3867316			187128	249504	311880	311880	311880
1.2	回收固定资产余值	1859							
1.3	回收流动资金	20920							
1.4	其 他								
2	现金流出	3827027	6598	9897	190739	248883	305103	303896	305058
2.1	自有资金	22771	6598	9897	3864	1206	1206		
2.1.1	建设投资	16495	6598	9897					
2.1.2	流动资金	6276			3864	1206	1206		
2.2	经营成本	3740756			182146	241835	301525	301525	301525
2.3	借款本金偿还	22100			3542	3914			
2.4	借款利息偿还	11598			988	945	879	879	879
2.5	销售税金及附加	4110			199	265	331	331	331
2.6	所得税	25693			718	718	1161	1161	2323
3	净现金流量		-6598	-9897	-3610	621	6778	7984	6823
4	累计净现金流量		-6598	-16495	-20105	-19484	-12707	-4723	2100
5	基准折现系数		0.926	0.857	0.794	0.735	0.681	0.630	0.583
6	净现值		-6109	-8485	-2866	456	4613	5031	3981
7	累计净现值		-6109	-14594	-17460	-17004	-12391	-7360	-3379

续表4-37

序号	项目名称	生产经营期							
		第08年	第09年	第10年	第11年	第12年	第13年	第14年	第15年
1	现金流入	311880	311880	311880	311880	311880	311880	311880	334659
1.1	产品销售收入	311880	311880	311880	311880	311880	311880	311880	311880
1.2	回收固定资产余值								1859
1.3	回收流动资金								20920
1.4	其他								
2	现金流出	305068	305068	305068	305068	305068	305624	305624	320267
2.1	自有资金								
2.1.1	建设投资								
2.1.2	流动资金								
2.2	经营成本	301525	301525	301525	301525	301525	301525	301525	301525
2.3	借款本金偿还								
2.4	借款利息偿还	879	879	879	879	879	879	879	879
2.5	销售税金及附加	331	331	331	331	331	331	331	331
2.6	所得税	2333	2333	2333	2333	2333	2888	2888	2888
3	净现金流量	6812	6812	6812	6812	6812	6257	6257	14392
4	累计净现金流量	8912	15725	22537	29350	36162	42419	48676	63068
5	基准折现系数	0.540	0.500	0.463	0.429	0.397	0.368	0.340	0.315
6	净现值	3681	3408	3155	2922	2705	2301	2130	4537
7	累计净现值	302	3710	6865	9787	12492	14793	16923	21460

注：资料来源于广州有色金属集团公司15万t铝合金再生项目数据的收集。

资本金净利润率

$$资本金净利润率 = \frac{生产期年平均税后利润}{项目资本金}$$

计算结果，该项目资本金净利润率一期与二期分别为 11.20% 、15.54% 。

4.20.3 偿债能力分析

4.20.3.1 借款偿还

借款偿还期是指在国家财政规定及项目具体财务条件下，以项目投产后可用于还款的资金偿还固定资产投资借款所需要的时间。项目投产后，还款资金由提取职工奖励基金和发展基金以后的未分配利润、固定资产折旧及摊销费组成。经计算，建设投资借款偿还期一期与二期分别为 3.34 年、3.75 年。详见表 4-38 和表 4-39。

4.20.3.2 财务状况分析

资产负债，项目的资产负债率是反映未来企业所面临的财务风险程度及偿债能力的指标，流动比率是反映企业偿付流动负债能力的指标，速动比率是反映企业快速偿付流动负债能力的指标。从资产负债表中可看出，项目达产年资产负债率基本维持在 60% 左右，计算期内资产负债适宜；流动比率维持在 100% ~ 200% 之间，速动比率在 100% 左右，说明该项目长期借款和短期借款风险较低，有利于银行考虑贷款。

该项目资产负债计算详见表 4-40 和表 4-41。

4.20.3.3 资金平衡分析

根据企业在经营期内的资金来源和运用情况，进行资金平衡预测。经计算，项目经营期内各年的资金均能保持盈余。经营期末累计盈余资金一期与二期分别为 17102 万元、32231 万元。详见表 4-42、表 4-43。

表 4-38 借款还本付息表（一期） （万元）

项目名称	利率	年度	年初累计值			当年值			
			需偿还资金	本 金	利 息	本年借款	应计利息	本年还本	本年付息
银行贷款/万元	6.000%	1	4680			4544	136		
		2		4544	136		281	1240	281
		3	3441	3441			206	2376	206
		4	1065	1065			64	1065	64
		5							
		6							

注：资料来源于广州有色金属集团公司15万t铝合金再生项目数据的收集。

表 4-39 借款还本付息表（两期合计） （万元）

项目名称	利率	年度	年初累计值			当年值			
			需偿还资金	本 金	利 息	本年借款	应计利息	本年还本	本年付息
银行贷款/万元	6.000%	1	2913	2828	85	2828	85		
		2	7456	7069	387	4242	302	3542	447
		3	3914	3914			447	3914	235
		4					235		

注：资料来源于广州有色金属集团公司15万t铝合金再生项目数据的收集。

表 4-40　资产负债表（一期）

（万元）

序号	项目名称	建设期 第01年	生产经营期 第02年	第03年	第04年	第05年	第06年	第07年
1	资　产	15283	30470	34628	38940	38566	38899	39169
1.1	流动资产		16511	21993	27630	28580	30237	31809
1.1.1	应收账款		11849	15679	19509	19509	19509	19509
1.1.2	存　货		4403	5847	7291	7291	7291	7291
1.1.3	现　金		259	297	334	334	334	334
1.1.4	累计盈余资金			171	496	1446	3103	4675
1.2	在建工程	15283						
1.3	固定资产净值		11801	10729	9656	8584	7512	6440
1.4	无形资产及递延资产净值		2158	1906	1654	1402	1150	920
2	负债及所有者权益	15283	30470	34628	38940	38566	38899	39169
2.1	流动负债		14938	19782	24626	24626	24626	24626
2.1.1	应付账款		11265	15020	18775	18775	18775	18775
2.1.2	流动资金借款		3672	4762	5851	5851	5851	5851
2.2	长期负债	4680	3441	1865				
	负债小计	4680	18378	20847	24626	24626	24626	24626
2.3	所有者权益	10603	12092	13781	14314	13939	14273	14542
2.3.1	资本金	10603	12177	12643	13110	13110	13110	13110
2.3.2	资本公积金							
2.3.3	累计盈余公积金和公益金		-85	171	496	829	1162	1432
2.3.4	累计未分配利润			967	708			
	计算指标：资产负债率（%）	30.62	60.32	60.20	63.24	63.86	63.31	62.87
	流动比率（%）		110.54	111.18	112.20	116.05	122.78	129.17
	速动比率（%）		81.06	81.62	82.59	86.45	93.18	99.56

续表4-40

序号	项目名称	生产经营期							
		第08年	第09年	第10年	第11年	第12年	第13年	第14年	第15年
1	资　产	39438	39708	39978	40247	40618	40988	41358	41728
1.1	流动资产	33381	34953	36525	38097	38768	39440	40112	40783
1.1.1	应收账款	19509	19509	19509	19509	19509	19509	19509	19509
1.1.2	存　货	7291	7291	7291	7291	7291	7291	7291	7291
1.1.3	现　金	334	334	334	334	334	334	334	334
1.1.4	累计盈余资金	6247	7819	9391	10963	11634	12306	12978	13649
1.2	在建工程	690	460	230					
1.3	固定资产净值	5367	4295	3223	2151	1849	1548	1246	945
1.4	无形资产及递延资产净值								
2	负债及所有者权益	39438	39708	39977	40247	40617	40987	41358	41728
2.1	流动负债	24626	24626	24626	24626	24626	24626	24626	24626
2.1.1	应付账款	18775	18775	18775	18775	18775	18775	18775	18775
2.1.2	流动资金借款	5851	5851	5851	5851	5851	5851	5851	5851
2.2	长期负债								
	负债小计	24626	24626	24626	24626	24626	24626	24626	24626
2.3	所有者权益	14812	15081	15351	15621	15991	16361	16731	17101
2.3.1	资本金	13110	13110	13110	13110	13110	13110	13110	13110
2.3.2	资本公积金								
2.3.3	累计盈余公积金和公益金								
2.3.4	累计未分配利润	1702	1971	2241	2511	2881	3251	3621	3991
	计算指标：资产负债率（%）	62.44	62.02	61.60	61.19	60.63	60.08	59.54	59.02
	流动比率（%）	135.55	141.93	148.32	154.70	157.43	160.15	162.88	165.61
	速动比率（%）	105.94	112.33	118.71	125.09	127.82	130.55	133.27	136.00

注：资料来源于广州有色金属集团公司15万 t 铝合金再生资源再生项目数据的收集。

表 4-41　资产负债表（两期合计）

（万元）

序号	项目名称	建设期		生产经营期				
		第01年	第02年	第03年	第04年	第05年	第06年	第07年
1	资　产	9511	23951	64215	76420	88961	88707	89414
1.1	流动资产			42371	56682	71330	73183	75997
1.1.1	应收账款			30358	40306	50254	50254	50254
1.1.2	存　货			11254	14971	18688	18688	18688
1.1.3	现　金			506	607	708	708	708
1.1.4	累计盈余资金			253	798	1680	3533	6347
1.2	在建工程	9511	23951					
1.3	固定资产净值			19651	17805	15959	14113	12267
1.4	无形资产及递延资产净值			2193	1932	1671	1411	1150
2	负债及所有者权益	9511	23951	64215	76420	88961	88707	89414
2.1	流动负债			38254	50814	63374	63374	63374
2.1.1	应付账款			29238	38985	48731	48731	48731
2.1.2	流动资金借款			9015	11829	14644	14644	14644
2.2	长期负债	2913	7456	3914				
	负债小计	2913	7456	42168	50814	63374	63374	63374
2.3	所有者权益	6598	16495	22047	25606	25586	25332	26040
2.3.1	资本金	6598	16495	20359	21565	22771	22771	22771
2.3.2	资本公积金							
2.3.3	累计盈余公积金和公益金			253	798	1680	2562	3269
2.3.4	累计未分配利润			1435	3242	1136		
	计算指标：资产负债率（%）	30.62	31.13	65.67	66.49	71.24	71.44	70.88
	流动比率（%）			110.76	111.55	112.55	115.48	119.92
	速动比率（%）			81.34	82.09	83.07	85.99	90.43

续表 4-41

序号	项目名称	生产经营期							
		第08年	第09年	第10年	第11年	第12年	第13年	第14年	第15年
1	资产	90125	90835	91546	92256	92967	93846	94726	95606
1.1	流动资产	78784	81571	84357	87144	89930	91202	92474	93746
1.1.1	应收账款	50254	50254	50254	50254	50254	50254	50254	50254
1.1.2	存货	18688	18688	18688	18688	18688	18688	18688	18688
1.1.3	现金	708	708	708	708	708	708	708	708
1.1.4	累计盈余资金	9134	11920	14707	17494	20280	21552	22824	24096
1.2	在建工程								
1.3	固定资产净值	10421	8575	6728	4882	3036	2644	2252	1859
1.4	无形资产及递延资产净值	920	690	460	230				
2	负债及所有者权益	90125	90835	91546	92256	92966	93846	94726	95606
2.1	流动负债	63374	63374	63374	63374	63374	63374	63374	63374
2.1.1	应付账款	48731	48731	48731	48731	48731	48731	48731	48731
2.1.2	流动资金借款	14644	14644	14644	14644	14644	14644	14644	14644
2.2	长期负债								
	负债小计	63374	63374	63374	63374	63374	63374	63374	63374
2.3	所有者权益	26750	27461	28171	28882	29592	30472	31351	32231
2.3.1	资本金	22771	22771	22771	22771	22771	22771	22771	22771
2.3.2	资本公积金								
2.3.3	累计盈余公积金和公益金	3979	4690	5400	6111	6821	7701	8581	9460
2.3.4	累计未分配利润								
	计算指标:资产负债率(%)	70.32	69.77	69.23	68.69	68.17	67.53	66.90	66.29
	流动比率(%)	124.32	128.71	133.11	137.51	141.90	143.91	145.92	147.92
	速动比率(%)	94.83	99.22	103.62	108.02	112.41	114.42	116.43	118.44

注:资料来源于广州有色金属集团公司15万t铝合金再生项目数据的收集。

表 4-42　资金来源与运用表（一期）

（万元）

序号	项目名称	合计	建设期		生产经营期				
			第01年	第02年	第03年	第04年	第05年	第06年	第07年
1	资金来源	84487	15283	6486	4102	5477	3985	3985	3985
1.1	利润总额	37205		-85	1222	2597	2661	2661	2683
1.2	折旧费	11928		1072	1072	1072	1072	1072	1072
1.3	摊销费	2410		252	252	252	252	252	230
1.4	长期借款	4680	4680						
1.5	流动资金借款	5851		3672	1089	1089			
1.6	短期借款								
1.7	自有资金	13110	10603	1574	467	467			
1.8	回收固定资产余值	945							
1.9	回收流动资金	8358							
1.10	其他资金								
2	资金运用	67385	15283	6486	3932	5152	3035	2328	2413
2.1	建设投资	15147	15147						
2.2	建设期利息	136	136						
2.3	流动资金	8358		5246	1556	1556			
2.4	所得税	10596				428	439	439	885
2.5	长期借款本金偿还	4680		1240	2376	1065			
2.6	偿还流动资金借款	5851							
2.7	短期借款本金偿还								
2.8	应付利润	22617				2102	2596	1889	1528
3	盈余资金	17102			171	325	950	1658	1572
4	累计盈余资金				171	496	1446	3103	4675

续表 4-42

序号	项目名称	生产经营期							
		第 08 年	第 09 年	第 10 年	第 11 年	第 12 年	第 13 年	第 14 年	第 15 年
1	资金来源	3985	3985	3985	3985	3985	3985	3985	13289
1.1	利润总额	2683	2683	2683	2683	3684	3684	3684	3684
1.2	折旧费	1072	1072	1072	1072	301	301	301	301
1.3	摊销费	230	230	230	230				
1.4	长期借款								
1.5	流动资金借款								
1.6	短期借款								
1.7	自有资金								
1.8	回收固定资产余值								945
1.9	回收流动资金								8358
1.10	其他资金								
2	资金运用	2413	2413	2413	2413	3313	3313	3313	9164
2.1	建设投资								
2.2	建设期利息								
2.3	流动资金								
2.4	所得税	885	885	885	885	1216	1216	1216	1216
2.5	长期借款本金偿还								
2.6	偿还流动资金借款								5851
2.7	短期借款本金偿还								
2.8	应付利润	1528	1528	1528	1528	2098	2098	2098	2098
3	盈余资金	1572	1572	1572	1572	672	672	672	4124
4	累计盈余资金	6247	7819	9391	10963	11634	12306	12978	17102

注: 资料来源于广州有色金属集团公司 15 万 t 铝合金再生项目数据的收集。

表 4-43 资金来源与运用表（两期合计）

（万元）

序号	项目名称	合计	建设期		生产经营期				
			第01年	第02年	第03年	第04年	第05年	第06年	第07年
1	资金来源	178502	9510	14441	16674	10480	13166	9145	9145
1.1	利润总额	88761		14441	1689	4352	7038	7038	7038
1.2	折旧费	19638			1846	1846	1846	1846	1846
1.3	摊销费	2454			261	261	261	261	261
1.4	长期借款	7456	2913	4544					
1.5	流动资金借款	14644			9015	2814	2814		
1.6	短期借款								
1.7	自有资金	22771	6598	9897	3864	1206	1206		
1.8	回收固定资产余值	1859							
1.9	回收流动资金	20920							
1.10	其他资金								
2	资金运用	146271	9510	14441	16421	9934	12284	7292	6331
2.1	建设投资	23564	9426	14139					
2.2	建设期利息	387	85	302					
2.3	流动资金	20920			12879	4020	4020	1161	2323
2.4	所得税	25693			3542	718	1161		
2.5	长期借款本金偿还	7456				3914	7102	6131	4008
2.6	偿还流动资金借款	14644							
2.7	短期借款本金偿还								
2.8	应付利润	53608				1282			
3	盈余资金	32231			253	545	882	1853	2814
4	累计盈余资金				253	798	1680	3533	6347

续表4-43

序号	项目名称	生产经营期							
		第08年	第09年	第10年	第11年	第12年	第13年	第14年	第15年
1	资金来源	9145	9145	9145	9145	9145	9145	9145	31924
1.1	利润总额	7069	7069	7069	7069	7069	8753	8753	8753
1.2	折旧费	1846	1846	1846	1846	1846	392	392	392
1.3	摊销费	230	230	230	230	230			
1.4	长期借款								
1.5	流动资金借款								
1.6	短期借款								
1.7	自有资金								
1.8	回收固定资产余值								1859
1.9	回收流动资金								20920
1.10	其他资金								
2	资金运用	6359	6359	6359	6359	6359	7873	7873	22517
2.1	建设投资								
2.2	建设期利息								
2.3	流动资金								
2.4	所得税	2333	2333	2333	2333	2333	2888	2888	2888
2.5	长期借款本金偿还								
2.6	偿还流动资金借款								14644
2.7	短期借款本金偿还								
2.8	应付利润	4026	4026	4026	4026	4026	4985	4985	4985
3	盈余资金	2787	2787	2787	2787	2787	1272	1272	9407
4	累计盈余资金	9134	11920	14707	17494	20280	21552	22824	32231

注：资料来源于广州有色金属集团公司15万t铝合金再生项目数据的收集。

5 中国铝合金再生资源 发展的风险

5.1 不确定性分析

5.1.1 盈亏平衡分析

盈亏平衡分析主要是确定铝合金再生项目投产后，生产中的盈亏平衡点，以便分析企业可以承受多大风险而不致亏损。

在盈亏平衡分析中，假定销售量等于生产量，同时假定生产费用和销售收入都是产量的线性函数。以广州有色金属集团公司年产15万 t 铝合金再生项目为例，根据设计产量、产品售价、生产成本等数据测算，还清贷款第一年生产盈亏平衡点为68.21%（一期），对应的临界产量为 4.093 万 t；二期为62.65%，对应的临界产量为 9.398 万 t。当年产量大于临界产量时企业才会有盈利。

当然，临界产量不是固定不变的常数，它随着产品售价和成本的变化而变化。因此，项目建成投产后，加强管理、不断降低成本，尽快满负荷生产，是取得较好经济效益的基础。

5.1.2 敏感性分析

影响项目经济效果的不确定因素比较多，为此，找出敏感性因素，为投资者提供决策依据是十分必要的。

分析中，选择了建设投资、销售量、原材料价格、产品售价和经营成本等因素，就其对内部收益率、投资回收期的影响进行测算。由敏感性分析结果可以看出，选定的不确定因素中，价格和经营成本对经济效果的影响很敏感。由于产品售价是受市场制约的，而经营成本却在很大程度上取决于企业的经营管理水平，因此，项目应尽快建成投产，并不断提高生产技术和经营管理水平，努力降低生产成本，以保证企业获得最大的经济效益敏感性分析详见表 5-1 和表 5-2（含一期、两期合计）。

表 5-1   敏感性分析表（一期）

组号	敏感因素	变化率/%	影响情况		
			内部收益率/%	投资回收期/年	净现值/万元
第01组	固定资产投资	−10	14.42	7.60	8434
		−5	13.71	7.82	7732
		5	12.41	8.26	6330
		10	11.82	8.47	5629
第02组	生产负荷	−10	9.61	9.64	2231
		−5	11.33	8.76	4631
		5	14.74	7.42	9431
		10	16.43	6.90	11831
第03组	产品售价	−5			−26321
		−2	3.34	14.27	−6310
		5	36.34	4.14	40384
		10	59.80	3.01	73736
第04组	经营成本	−10	58.34	3.05	71461
		−5	35.59	4.19	39246
		2	3.69	14.20	−5855
		5			−25184
第05组	原材料价格	−10	55.70	3.14	67937
		−5	34.32	4.29	37484
		2	4.21	14.09	−5150
		5			−23422
第06组	能源价格	−10	13.69	7.79	7946
		−5	13.37	7.91	7488
		5	12.72	8.16	6574
		10	12.39	8.30	6117

组　号	敏感因素	变化率/%	影响情况		
			内部收益率/%	投资回收期/年	净现值/万元
第07组	固定成本	-10	15.56	7.14	10488
		-5	14.30	7.56	8759
		5	11.79	8.57	5303
		10	10.55	9.17	3575
第08组	可变成本	-10	56.40	3.12	68936
		-5	34.67	4.26	37984
		2	4.06	14.12	-5350
		5			-23921

注：资料来源于广州有色金属集团公司15万 t 铝合金再生项目数据的收集。

表 5-2　敏感性分析表（两期合计）

组　号	敏感因素	变化率/%	影响情况		
			内部收益率/%	投资回收期/年	净现值/万元
第01组	固定资产投资	-10	17.61	7.68	22544
		-5	16.92	7.83	21502
		5	15.64	8.14	19417
		10	15.06	8.29	18374
第02组	生产负荷	-10	12.67	9.26	11453
		-5	14.47	8.57	15956
		5	18.04	7.50	24962
		10	19.81	7.08	29465
第03组	产品售价	-5			-52744
		-2	4.32	14.26	-8822
		5	43.92	4.52	93662
		10	69.23	3.55	166865
第04组	经营成本	-10	67.81	3.59	162290
		-5	43.13	4.56	91375
		2	4.70	14.19	-7907
		5			-50456

组　号	敏感因素	变化率 /%	影响情况		
			内部收益率/%	投资回收期/年	净现值/万元
第 05 组	原材料价格	−10	65.55	3.66	155803
		−5	41.91	4.64	88131
		2	5.25	14.10	−6610
		5			−47213
第 06 组	能源价格	−10	17.01	7.77	22343
		−5	18.64	7.88	21401
		5	15.89	8.10	19517
		10	15.52	8.22	18575
第 07 组	固定成本	−10	18.64	7.34	26315
		−5	17.45	7.64	23387
		5	15.07	8.37	17531
		10	13.89	8.79	14603
第 08 组	可变成本	−10	66.24	3.64	157859
		−5	42.29	4.61	89159
		2	5.08	14.13	−7021
		5			−48241

注：资料来源于广州有色金属集团公司 15 万 t 铝合金再生项目数据的收集。

5.2 风险分析

投资项目肯定存在着不同程度的风险，关键是要把握好投资建设过程的各个环节，尽可能预见到来自各方面的风险，并尽早采取相应的防范措施，使损失减少到最低程度。

5.2.1 主要风险因素

根据同类项目情况和上述敏感性分析结果，确定该项目的主要风险因素为原料价格、产品销售量、销售价格、经营成本、建设投资等。这几种风险因素主要存在于市场、原料供应、技术、投资、融资及政策等方面。

5.2.2 风险分析

5.2.2.1 市场方面

随着我国经济的高速发展，我国成为世界的机械制造中心，汽车、摩托车、家电等工业已是我国的主要产业，需求规模和生产规模巨大，因此对上游原材料铝合金需求旺盛。特别是我国汽车工业的发展，需求量和消费量必将出现较大的增长。由于人们对环境日益关注，这就对安全和环保，以及汽车轻量化的要求更为迫切，铝合金已成为汽车工业的首选材料。随着汽车产量快速增长，汽车的铝化率也不断提高，用铝量将会有更大的增长。据有关资料统计，全球铝铸件总产量中的 60% ~ 70% 用于汽车制造，而汽车用铝铸件中 60% 以上为再生铝。因此，废铝再生市场前景广阔。

但受利益驱动，小型再生铝厂借国家鼓励发展再生铝行业之机扩大生产能力，而新的投资者也进入该领域，使我国的再生铝行业投资加大，产能也随之增加，将有可能带来市场饱和风险。

铝合金再生项目产品方案中，确定的挤压圆铝锭和铸造铝合金市场适应范围较广，用户易接受，加上利用废铝加工成本低，在严格标准要求下的产品应颇具竞争力。

5.2.2.2 原料供应

以广州有色金属集团公司年产 15 万 t 铝合金再生项目为例，该项目所需原料主要为废铝，按总的年生产规模 15 万 t，平均每天需约 0.06 ~ 0.08 万 t 的原料进厂。特别是废铝原料需求较大，国内废铝成分复杂，分布较广且国内废铝回收网络和各种体制的不建全等，废铝立足国内存在一定的风险。化解此风险可采取以下几种方法：一是企业生产初期，主要从国外进口废铝，搞好原料市场调查，提前与供销单位签订供货协议或合同；二是与供销部门合资建设废铝回收系统；三是自己投资在原料集散地建设废铝回收系统，以保证废料来源的可靠性和生产的连续性，使风险程度降至最低。

5.2.2.3 技术方面

铝合金再生项目采用的生产工艺技术成熟、可靠。主要生产设备从国外引进，具有国际先进水平。但是，能否稳定地生产出高质量的产品不仅仅取决于生产方式和装备水平，还与技术能力、管理水平等紧密相关。建设单位目前在铸造铝合金与变形铝合金生产建设方面已有多年的历史，在生产与管理方面积累了大量的经验，为该项目的成功建设奠定了一定的基础。

5.2.2.4 投融资方面

以广州有色金属集团公司年产 15 万 t 铝合金再生项目为例，铝合金再生项目建设投资规模适中，但流动资金较大，其中 70% 由企业自筹。虽然公司实力雄厚、经营情况良好，资金筹措能力较强，但自筹和贷款额较大，在投融资方面仍存在一定的风险。尤其是流动资金数额较大，从原料库存到生产销售占用的周期长，要加强经营管理，抓住主要环节，缩短资金周转期。

总之，在市场条件下，有投资就有风险。企业只有充分认识和注意回避各种风险，发挥自身的优势，投资项目才能取得预期的效果。

5.3 存在的问题与局限

5.3.1 存在的主要问题

5.3.1.1 原材料来源问题

广东省铝合金资源再生项目的废铝原料来源 80% 依靠国外进口，20% 由国内采购。2004 年我国废铝的进口量为 120 万 t，2005 年的废铝进口量为 170 万 t。随着废铝进口量的增加，废铝出口国已在采取各种措施限制向我国的出口，使废铝的价格逐年攀升。从长远来看，废铝来源应逐步由国外转入国内。尽管国内废铝资源较为充足，但资源分散，回收网络不健全，市场操作不规范。要确保废铝的质量和来源的可靠性，需要建立完善的进料网络。

5.3.1.2 技术引进和培训问题

铝合金再生项目主要生产设备由国外引进，在设备选型时，要加强对再生技术的了解和掌握，避免技术设备的滞后性。同时，企业应尽早安排职工进行技术培训，做好技术软件的消化吸收，充分发挥设备的技术优势。

5.3.1.3 项目的达产达效问题

工程建成投产后，应抓好市场销售，利用企业已有的销售网络和品牌效应，拓展产品销售渠道，使项目尽快获得预期的经济效益。

5.3.2 研究过程存在的局限

在对我国铝合金再生资源发展的研究中，因受资料来源和收集渠道的影响，对我国铝合金资源再生利用的分析及现代铝资源再生利用技术的了解还不够全面，使得铝资源再生利用的节能环保和经济性论述得不够充分，期待在以后的研究中加以解决。

6 中国铝合金再生资源
发展研究结论

资源的再生利用，直接反映了一个国家或地区的经济发展水平。当前，世界发达国家以先进的再生技术为支撑，在资源的再生利用方面已经达到了一个较高的水平。我国作为世界上最大的发展中国家，经过三十年的改革开放，经济建设取得了举世瞩目的成绩，但也存在着一些问题和不足。特别是在资源、环境的双重压力下，社会经济面临着不可持续发展的严峻挑战。在这种大背景下，我国积极推进社会经济转型，致力于资源节约型、环境友好型社会建设，使再生资源的开发利用提升到国家发展战略层面，引起了各行各业的广泛关注和积极实施。

6.1 研究的主要成果

在研究中国铝合金再生资源发展过程中，紧扣我国当前铝合金行业中的焦点、热点问题，把中国铝合金再生资源发展战略置于世界再生铝资源开发利用的大背景下，以全球视野和战略思维来研究中国铝合金再生资源的发展定位，通过分析世界和中国再生铝资源的生产、消费和市场现状，并结合广州有色金属集团公司铝合金再生资源实证，从理论高度到实践层面，系统地阐述了我国铝合金再生资源发展背景、意义、内容路径和方法，形成了以下六个方面的研究成果：

（1）中国铝合金再生资源发展必须要依靠国际、国内两个资源市场。

中国铝合金再生资源发展是世界再生铝资源发展的重要组成部分。在国际分工中，中国处于产业链的低端，承接着发达国家的来料加工和产品制造，其外向型经济增长模式与世界经济和市场需求息息相关。有色金属行业作为我国最早与国际接轨、并充分利用"两个市场"来实现资源配置的工业部门，在经济全球化不断加深的今天，中国的铝合金再生资源发展已经成为世界再生铝资源发展的重要的组成部分。目前，随着我国铝消费的持续增长，在原铝消费量不断增加的同时，每年进口的废铝数量也很可观，中国是全球进口废铝较多的国家之一。而废铝的进口，为中国铝合金再生资源发展奠定了重要的物质基础，也把中国铝合金再生资源发展与世界铝合金再生资源发展紧密地联系在一起，形成了不可分割的整体。由此可见，就目前而言，中国铝合金再生资源发展离不开世界铝合金再生资源的发展，没有世界铝合金再生资源的发展，中国铝合金再生资源的发展将失去必要的物质基础。所以，中国铝合金再生资源发展必然要依靠国际国内两个资源市场。

（2）中国铝合金再生资源发展必须要符合世界再生铝资源发展方向。

再生铝资源利用是衡量世界各国资源回收利用水平高低的主要标志之一。受再生技术发展水平的影响和制约，铝资源再生利用率也表现出不均衡性，直接决定了铝资源的再生利用水平。目前，欧美及日本等发达国家，由于工业化进程早，再生铝利用技术先进，铝资源的再生利用水平高，体现了国家经济发展水平，代表了当今世界再生铝资源的发展方向。而中国作为一个发展中国家，在再生铝资源利用方面起步晚、起点低，与发达国家之间存在着明显的差距。因此，中国铝合金再生资源要想取得较快发展，必须要符合世界再生铝资源的发展方向和趋势，通过消化、吸收和自主创新，不断提升再生技术水平，逐步扩大废铝的回收利用比例，提高再生铝资源的利用水平。

（3）中国铝合金再生资源发展必须要借鉴世界铝合金再生资源发展的成功经验。

世界发达国家对铝资源的开发研究起步较早，对废铝回收和再生利用的认识也比较深刻，在废铝回收再生方面都有自己独特的方法和措施，并形成了完整的再生铝工业体系。中国铝合金再生资源发展，要借鉴世界发达国家铝合金再生资源发展过程中的成功经验和优秀成果：一是建立健全资源再生利用的法律法规和制度体系；二是完善资源回收利用渠道和网络；三是吸收和创新铝合金再生技术，提高资源回收利用水平；四是培养和增强资源回收意识，积极倡导和推行资源再生文化。从而使中国铝合金再生资源在意识、文化、制度、技术和渠道等各个方面都得到加强，形成科学、完整、高效的资源再生利用体系，促进中国铝合金再生资源的科学发展。

（4）中国铝合金再生资源发展必须要走可持续发展道路。

我国是铝资源相对贫乏的国家，铝矿资源储量仅占世界总量的1.94%，且品位低，经济可利用部分仅占拥有资源储量的16.24%。近年来，随着我国经济的高速发展，铝产、销量迅速扩张。2002年以来，我国铝产量连续居世界第一，而铝矿资源只能满足生产需要的一半左右，其余均依靠进口。由于铝加工原材料长期依赖进口，不仅导致了国际铝价的迅速飙升，直接影响到我国铝加工企业的生产成本，而且容易陷入受制于人的被动局面，严重威胁到铝材料领域的国家安全。在我国铝资源的供需矛盾突出的情况下，铝合金行业要实现可持续发展，必须要走铝资源再生发展的道路。要通过对铝合金再生资源的开发利用，缓解铝加工业原材料供需紧张的矛盾，合理保护铝矿资源的开发利用。同时，通过铝合金资源再生发展，促使我国铝合金产业升级和技术进步。同时，我国铝合金行业经过十多年的高速发展，已经形成了一定的产能和规模，但如何在新的经济条件和当前资源、环境的双重压力下实现新的突破和发展，是当前整个铝合金行业面临的新的课题。通过对世界发达国家再生铝资源发展的分析和研究，并以广州有色金属集团公司再生铝资源发展的实例论证，对中国铝合金行业发展得出了一个清晰的结论，那就是中国铝合金行业必须要通过再生资源发展，才能推动和实现整个行业的可持续发展。

（5）中国铝合金再生资源发展必然要体现节能、环保的目标和要求。

中国铝合金再生资源发展是中国环境保护的现实要求。粗放型的经济增长方式，不仅付出了大量的资源代价，也为我国环境保护敲响了警钟。目前，我国把环境保护作为一项基本国策，积极推进建设资源节约型、环境友好型社会建设，对高能耗、高污染行业实行严格的控制，对落后产能坚决实行关闭，迫使企业升级改造和产业转型。由于我国铝矿资源品位低，铝矿开采利用率低、对自然环境破坏大，加之我国原铝生产不仅能耗大，而且带来了严重的工业污染。因此，我国一直把电解铝行业作为节能减排的重点监控和调整对象，为铝加工行业的健康发展带来了严重的制约。相比之下，再生铝生产因具有节能、环保等特点，不仅顺应我国产业发展方向，也符合环境保护要求，从而得到业界的广泛认同，呈现出蓬勃的发展之势。

（6）中国铝合金再生资源发展必须以提高铝合金再生技术水平为支撑。

铝合金再生技术创新是推动铝合金再生资源发展的动力。世界发达国家在铝合金再生资源发展的进程中，逐步认识到再生技术产生的巨大促进作用。也正因为如此，欧美、日本等发达国家高度重视再生技术创新和应用，并积累了丰富的再生理论成果和成熟的再生技术。这些理论和技术的广泛应用，为发达国家铝合金再生资源发展提供了强劲的动力，也为发展中国家铝合金再生资源发展带来了强大的辐射和借鉴。目前，我国的铝合金再生资源利用正处在良好的机遇期和高速的发展期，铝合金再生资源发展的政策环境和市场条件都已经具备，现在的关键问题是如何提高再生资源的利用水平和经济效益。对此，在广州有色金属集团再生资源发展的实证中，从工艺流程设计、关键设备选型、主要技术参数等方面进行了论证，阐明了再生技术应用对促进铝合金再生资源发展、提高再生资源利用水平和经济效益的决定性作用。

　　铝合金再生技术创新是落实节能、环保措施的重要保障。落实节能、环保措施是一项系统工程，在众多的子系统中，再生技术的创新和应用，对促进节能、环保措施落实起到了重要的保障作用。为论证这一点，本书从铝合金再生技术现状出发，根据我国节能、环保的规范要求和铝合金再生资源发展的方向，从生产工艺节能措施、选用先进节能设备、供排水节能、能耗指标分析，以及环保设计标准、主要污染物排放情况及治理措施、绿化、环保机构及投资等方面进行详细的分析和阐述。在此基础上，指出我国铝合金再生资源发展必须要贯彻国家产业政策和节能、环保要求，采用先进生产工艺和设备，以求达到节能、环保的目的，从而确立了铝合金再生技术对节能、环保的重大意义和现实作用。

　　铝合金再生技术创新是提升行业整体竞争力的有效手段。我国再生铝行业普遍存在生产厂家多、规模小、工艺技术落后、装备水平低、产品档次不高、行业整体竞争力不强等问题，严重地阻碍着铝合金再生资源的发展。针对这一现状，书中结合广州有色金属集团年产 15 万 t 再生铝合金项目在关键设备引进和先进工艺采用所取得的再生技术上的突破，总结生产实践充分证明了铝合金再生技术创新对行业整体竞争力的巨大提升作用。目前，广州有色金属集团年产 15 万 t 再生铝合金项目，通过引进国外先进的铝合金废料破碎分选生产线、双室熔铝炉、侧井反射炉等关键设备，采用先进的废铝再生熔炼、铝液净化工艺，尤其采用铝液纯净化技术和微细化技术，带来了产品质量显著提高。项目实施投产后，实现专业化的生产经营，产品的质量和价格具有较强的市场竞争力，由此推动我国再生铝合金生产向规模化、高技术方向发展，加快我国再生铝行业的技术进步。

6.2　研究的贡献

　　书中论述紧扣我国有色金属行业的焦点问题，紧扣广州有色金属集团公司发展的重大问题来进行研究。在研究方法上，立足于实证，综合运用了区域经济学、工业设计和工商管理等学科的理论和方法，通过对大量、真实的资料、数据进行分析比较，具有较强的操作性和指导性，在我国铝合金再生资源发展研究方面作出了以下几方面的贡献：

一是分析研究了中国铝合金再生资源与世界铝合金再生资源发达国家的差距，指出了我国铝合金再生资源发展的紧迫性。

二是借鉴了世界铝合金再生资源的发展管理、回收、再生使用的经验。

三是探讨和剖析中国铝合金再生资源循环、节能、低损、环保和经济效益好的发展路径。

四是研究了当今世界气候变暖与行业再生技术的热点问题，采用先进的铝合金再生技术，有效地实现工业废水零排放，尘浓度不大于 $150mg/m^3$ 的标准要求。

五是广州有色金属集团实证，通过先进的铝合金再生技术，可实现节约标准煤 121.6kg/t、12kg/t（电耗），有效地响应和实践了国家"十一五"节能减排要求。

6.3 研究的不足和努力方向

在对中国铝合金再生资源发展的研究中，因受资料来源和收集渠道的制约，对中国铝合金资源再生利用的分析及现代铝资源再生利用技术的了解还不够全面，使得铝资源再生利用的节能环保和经济性论述部分不够充分，期待在以后的研究中加以解决。

中国是世界的一部分，在世界经济一体化的过程中，中国铝合金再生资源的发展必然伴随着现代科学技术和世界铝合金再生资源的发展而发展的。在今后对中国铝合金再生资源发展的研究中，首先，要把中国铝合金再生资源发展研究置于世界铝合金再生资源发展的大背景下，加强对世界铝合金再生资源发展趋势和方向的判断和把握，从中汲取世界发达国家铝合金再生资源发展的优秀成果，使中国铝合金再生资源发展符合时代特征和发展规律。其次，要加强现代再生技术的研究。现代再生技术作为铝合金再生资源发展的动力源，对铝合金再生资源开发利用起到巨大的推动作用。中国在铝合金再生技术开发和利用上与世界发达国家存在着明显的差距，只有利用和创新现代再生技术才能缩短差距，推动中国铝合金再生资源的持续发展。第三，要加强对中国铝合金再生资源发展研究的系统性。中国铝合金再生资源发展是个庞大的系统工程，涉及到铝合金再生资源的回收、利用、生产、消费等各个环节，是一个持续利用、循环再生的过程。铝合金再生资源的这一特点，决定了对铝合金再生资源发展的研究必须要全面、系统，从体制与机制、历史与现状、技术与管理、理论与实践等各个方面加强研究，形成对铝合金再生资源发展的研究体系，从而推动中国铝合金资源再生的发展。

参 考 文 献

[1] 中国有色金属工业年鉴(1999～2008 年) 中国有色金属工业协会编.

[2] 中国有色金属网—专业数据服务.

[3] 广州市统计年鉴(2003～2004 年) 广州市统计局编.

[4] 广州市气象局广州热带气候研究所网站.

[5] 《工业炉窑大气污染物排放标准》GB 9078—1996 二级.

[6] 《大气污染物排放限值》DB 44/27—2001 二级.

[7] 《水污染物排放限值》DB 44/26—2001 三级.

[8] 《工业企业厂界噪声标准》.

[9] 劳动部颁发第 3 号文《建设项目（工程）劳动安全卫生监察规定》(1996.10).

[10] 《工业企业设计卫生标准》(GBZ 1—2002).

[11] 《工业场所有害因素职业接触限值》(GBZ 2—2002).

[12] 《建筑物防雷设计规范》（GB 50057—1994）2000 年版.

[13] 《建筑物防火设计规范》（GBJ 16—87)2001 年修订版.

[14] 《中华人民共和国消防条例》.

[15] 《建筑设计防火规范》GBJ 16—1987（2001 年）.

[16] 《建筑防雷设计规范》GB 50057—1994（2000 年）.

[17] 《中华人民共和国劳动法》.

冶金工业出版社部分图书推荐